AutoCAD 上机指导

主 编　程　静　于海霞
副主编　刁立强

U0264859

国防工业出版社
·北京·

内容简介

本书包括两部分内容,AutoCAD 上机实验指导和《工程制图》习题答案。

AutoCAD 上机实验指导从绘图设置入手,循序渐进地介绍使用 AutoCAD2014 绘制和编辑二维图形、文字注写、尺寸标注、图案填充、图块与属性、精确绘图工具、图形显示控制等内容。书中详细地介绍了 AutoCAD2014 的绘图、编辑功能,以便读者能够利用 Auto-CAD2014 高效、准确地绘制各种图形。

《工程制图》习题答案是《工程制图》教材和《工程制图习题集》的配套答案,习题集中所有习题,都配有完整的答案。

本书是作者在多年从事 CAD 教学与科研工作的基础上编写的,在内容的组织与安排上考虑到读者对象的专业特点和知识结构,尽量做到由浅入深、便于自学。

图书在版编目(CIP)数据

AutoCAD 上机指导/程静,于海霞主编. —北京:国防工业
出版社,2015.9
ISBN 978 – 7 – 118 – 10381 – 1

Ⅰ.①A... Ⅱ.①程...②于... Ⅲ.①AutoCAD 软件
Ⅳ.①TP391.72

中国版本图书馆 CIP 数据核字(2015)第 226590 号

※

*国防工业出版社*出版发行
(北京市海淀区紫竹院南路 23 号 邮政编码 100048)
涿中印刷厂印刷
新华书店经售
*
开本 787×1092 1/16 印张 13¾ 字数 314 千字
2015 年 9 月第 1 版第 1 次印刷 印数 1—3000 册 定价 38.00 元

(本书如有印装错误,我社负责调换)

国防书店:(010)88540777   发行邮购:(010)88540776
发行传真:(010)88540755   发行业务:(010)88540717

前　言

AutoCAD 是美国 Autodesk 公司开发的计算机辅助设计软件,具有使用方便、易于掌握、体系结构开放等特点,深受广大工程技术人员的喜爱。

AutoCAD 是一个通用的交互式绘图软件包,具有高级用户界面,其内部嵌入了扩充的 AutoLISP 语言,便于进行二次开发,使 AutoCAD 能更好地为用户服务。

本书包括两部分内容,AutoCAD 上机实验指导和《工程制图》习题答案。

AutoCAD 上机实验指导部分包括八个实验:基本操作、简单基本绘图、图层(线型、颜色)的设置和使用、图形尺寸标注练习、绘制视图和剖视图、零件装配图、绘制电路图、综合练习。

《工程制图》习题答案是《工程制图》教材和《工程制图习题集》(程静主编,2012 年国防工业出版社出版)的配套答案,习题集中所有习题,都配有完整的答案。

本书是作者在多年从事 CAD 教学与科研的基础上编写的,在内容的组织与安排上考虑到读者对象的专业特点和知识结构,尽量做到由浅入深、便于自学。

参加本教材编写工作的有:大连理工大学城市学院于海霞(第一部分 上机实验指导:实验一、实验二、实验三、实验四),大连理工大学城市学院刁立强(第一部分 上机实验指导:实验五、实验六、实验七、实验八),大连交通大学程静(第二部分《工程制图》习题答案:第1章、第2章、第3章、第4章、第5章、第6章),大连交通大学曹雪芝(第二部分《工程制图》习题答案:第7章、第8章、第9章)。

程静、于海霞 任主编,刁立强 任副主编,曹雪芝 参编。

本书参考了一些相关教材与著作,在此向有关作者致谢!

在本书的出版过程中,得到了国防工业出版社的大力支持,在此,表示衷心感谢!

由于水平有限,书中难免有不妥之处,欢迎读者和同行提出宝贵意见。

编　者

2015 年 8 月

目　　录

第一部分　上机实验指导

第二部分　《工程制图》习题答案

第一部分　上机实验指导

实验一 AutoCAD 的基本操作

导读：计算机绘图(Computer Graphics，CG)、计算机辅助设计(Computer Aided Design，CAD)是近年来发展起来的一项新技术。随着计算机的发展和应用，这项技术受到人们的广泛关注，具有广阔的应用前景。目前，在一些大中型企业中，越来越多的工程设计人员开始使用计算机绘制各种图形，解决了传统手工绘图中存在的效率低、准确度差、劳动强度大等特点。在目前的计算机绘图领域，AutoCAD 已成为应用最广泛的计算机辅助绘图与设计软件之一。

一、实验目的

(1) 练习 AutoCAD 的启动和退出；

(2) 全面掌握 AutoCAD 系统的界面、菜单结构及设置方法；

(3) 掌握改变作图窗口颜色和十字光标大小的方法；

(4) 熟悉绘图环境，学习绘图界限、绘图单位设置、线型及颜色等，建立符合国家标准的样本图纸，创建自己的样板文件，方便、高效、规范地绘制出风格一致的图形；

(5) 掌握 AutoCAD 捕捉和跟踪等方法的设置；

(6) 练习 AutoCAD 命令的输入和数据的输入方法；

(7) 熟悉直线绘图和捕捉命令。

二、预习思考题

(1) 请指出 AutoCAD 工作界面中的标题栏、菜单栏、命令行窗口、状态栏、工具栏的位置及作用。

(2) 请用三种方法打开未显示工具栏。

(3) 调用 AutoCAD 命令的方法有：

①在命令行窗口输入命令名；②在命令行窗口输入命令缩写字；③拾取下拉菜单中的菜单选项；④拾取工具栏中的对应图标；⑤以上均可。

(4) 用资源管理器打开上机所生成文件。

(5) 如何在"栅格显示""正交模式""极轴追踪"等按钮间切换操作？

(6) 如何启动 AutoCAD？

(7) 如何设置可安全保存文件？

(8) 如何设置一个样板文件？

(9) 如何更改十字光标大小？

(10) 新建与打开命令有何区别？

(11) 点的绝对坐标与相对坐标有何区别？直角坐标与极坐标的表示格式有何不同？

(12) 如果一张图中点 A 的坐标为 A(60, −60)，则其极坐标是多少？

(13) 请写出下列功能键含义：

①Esc，②UNDO，③F2，④F1，⑤Ctrl+X。

(14) 将打开文件另存为：D:\图例\draw1，加密 123456，退出系统后重新打开。怎样创建一个新的图形文件？

三、实验内容及步骤

任务一：AutoCAD 系统的启动和退出。

开机后，双击 AutoCAD 快捷启动图标，或从开始→程序→Autodesk→AutoCAD 2014 简体中文版中单击运行 AutoCAD，或双击任意一个 AutoCAD 图形文件。

任务二：熟悉 AutoCAD 的中文版用户界面。

用户界面是 AutoCAD 显示、编辑图形的区域。启动中文版 AutoCAD2014，在默认状态下，打开"二维草图与注释"工作空间，其界面主要由标题栏、菜单栏、功能区、文件选项板、绘图区、命令行(文本)窗口和状态栏等组成，如图 1-1 所示。

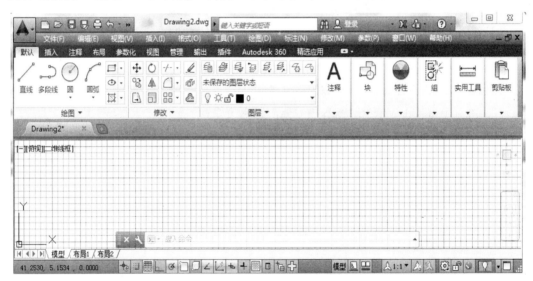

图 1-1　中文版用户界面

1. 标题栏

标题栏位于工作界面的最上方，用于显示当前正在运行的程序名及文件名等信息，AutoCAD 默认的图形文件名称为 DrawingN.dwg(N 是数字)。同 windows 的标题栏一样，其右侧按钮可以最小化、最大化或关闭应用程序窗口。单击左侧图标按钮可弹出下拉菜单，执行最小化或最大化窗口、恢复窗口、移动窗口、关闭 AutoCAD 等操作。它由"菜单浏览器"按钮、工作空间、快速访问工具栏、当前图形标题、搜索栏、Autodesk Online 服务以及窗口控制按钮组成。

2．绘图区

绘图区是大部分带网格的空白区域，是用户可以完成一幅设计的地方，相当于桌面上的一张图纸。可以根据需要关闭周围和里面的各个工具栏增大绘图空间。如果图纸较大，要查看未显示部分时，可以单击窗口右边与下边滚动条上的箭头或拖动滚动条上的滑块来移动图纸。

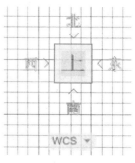

图 1-2　世界坐标系

在绘图窗口中除了显示当前绘图结果外，还显示当前使用的坐标系类型以及坐标原点，x 轴、y 轴、z 轴方向等。AutoCAD采用两种坐标系：世界坐标系(WCS)与用户坐标系。用户刚进入时坐标系为世界坐标系，是固定的坐标系，如图 1-2 所示。世界坐标系是坐标系中的基准，默认情况下，坐标为世界坐标系(WCS)，多数情况的绘图是在世界坐标系下完成的。

绘图窗口下方有"模型"和"布局"选项卡，单击其标签可以在模型空间或图纸空间之间来回切换。一般情况下，在模型空间创建和设计图形，然后创建布局以绘制和打印图纸空间中的图形。

3．使用"功能区"选项板

"功能区"选项板集成了"默认""块和参照""注释""工具""视图"和"输出"等选项卡，在这些选项卡的面板中单击按钮即可执行相应的绘制或编辑操作。

工具栏是一组图标形工具的集合，光标放在工具图标上有相应提示，点取图标可以启动相应命令。默认情况下，中文版 AutoCAD2014 绘图、修改、图层、注释、块、特性、组、实用工具、剪贴板工具栏处于打开状态，如图 1-3 所示。

图 1-3　"功能区"选项板

【要求】　熟悉基本绘图环境设置，如：绘图环境中工具栏打开或关闭，对象捕捉的设置。

1) 设置工具栏

将光标放在任一工具栏的非标题区，单击鼠标右键，系统会自动打开单独的工具栏标签，如图 1-4 所示。可以单击选择要打开的工具栏，选中会出现√，再点鼠标则关闭工具栏。如将其拖动到图形区边界则可变为"固定"工具栏，反之拖到绘图区则为"浮动"工具栏。

2) 固定、浮动与打开工具栏

如果要显示当前隐藏(或关闭当前显示)的工具栏，可在当前显示工具栏的任意图标按钮上右击，在弹出的快捷菜单中选择命令，即可显示(或关闭)相应的工具栏，如图 1-5 所示。

4．状态栏

【要求】　掌握状态栏各项按钮的含义及其设置方法。

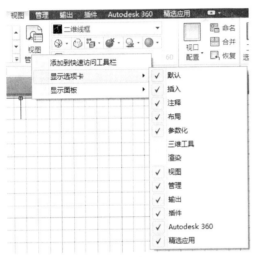

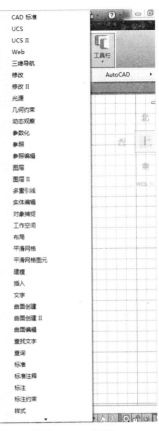

图 1-4　工具栏标签　　　　　　　　　　　　　图 1-5　工具栏

状态栏位于绘图窗口底部，如图 1-6 所示，它反映了此时的工作状态，在绘图窗口中移动光标时，状态栏的"坐标"区会动态地显示当前的坐标值，可以单击坐标值把其关闭。

图 1-6　状态栏

状态栏中还包括辅助做图工具，可以帮助我们快速准确地完成图形的绘制，如"推断约束""捕捉模式""栅格显示""正交模式""极轴追踪""对象捕捉""对象追踪""DUCS""DYN""线宽""模型(或图纸)"10 个功能按钮，如表 1-1 所列。

表 1-1　辅助做图工具功能按钮

名称	说　　明
捕捉模式	单击(按下)该按钮，打开捕捉模式，此时，光标只能沿 x 轴、y 轴或极轴方向移动整数距离(精确按坐标值为整数的距离移动)。可以选择菜单栏中的"工具"→"草图设置"命令，在打开的"草图设置"对话框的"捕捉和栅格"选项卡中设置 x 轴、y 轴或极轴的捕捉间距。
栅格显示	单击(按下)该按钮，打开栅格显示，类似于方格纸，有助于准确定位。栅格的 x 轴、y 轴间距也可以通过"草图设置"对话框的"捕捉和栅格"选项卡进行设置。

名称	说　　明
正交模式	单击(按下)该按钮，打开正交模式，此时，只能绘制垂直线或水平线。
极轴追踪	单击(按下)该按钮，打开极轴追踪模式，绘图时，系统根据设置，显示一条追踪线，可以在该追踪线上根据提示精确移动光标，进行精确绘图。默认情况下，系统设置了 4 个极轴，与 x 轴的夹角分别为 0°、90°、180° 和 270°(角度增量为 90°)，可以使用"草图设置"对话框的"极轴追踪"选项卡设置角度增量。
对象捕捉	单击(按下)该按钮，打开对象捕捉模式，利用对象捕捉功能，可以锁定图形上与目标有关的点(关键点)，例如：端点、中点、圆心、交点、垂足、最近点等，使捕捉更方便。可以使用"草图设置"对话框的"对象捕捉"选项卡设置对象的捕捉模式。
对象追踪	单击(按下)该按钮，打开对象追踪模式，通过捕捉对象上的关键点，并沿正交方向或极轴方向拖动光标，可以显示光标当前位置与捕捉点之间的相对关系，找到符合要求的点，单击鼠标即可。
DUCS	单击(按下)该按钮，打开或关闭动态 UCS。
DYN	单击(按下)该按钮，在绘制图形时，自动显示动态输入文本框，方便用户在绘图时设置精确数值。
线宽	单击(按下)该按钮，打开线宽显示，在屏幕上显示线宽，以标识各种具有不同线宽的对象。
模型(或图纸)	单击(按下)该按钮，可以在模型空间和图纸空间之间切换。

此外，在状态栏中，单击"清屏"按钮，可以清除 AutoCAD 窗口中的工具栏和选项板等界面元素，使 AutoCAD 的绘图窗口全屏显示。单击"注释比例"按钮，可以更改可注解对象的注释比例。单击"注释可见性"按钮，可以用来设置仅显示当前比例的可注解对象或显示所有比例的可注解对象。单击"自动缩放"按钮，可以用来设置注释比例更改时自动将比例添加至可注解对象。

任务三：熟悉通过"文件"和"编辑"菜单，进行图形文件的新建、打开等基本操作和撤消命令的方法；文件管理—保存图形并进行加密设置。

在"AutoCAD 经典"工作空间下会显示如图 1-7 所示的菜单栏，其中包括文件、编辑、视图、插入、格式、工具、绘图、标注、修改、参数、窗口、帮助等 12 个主菜单。

图 1-7　菜单栏

默认情况下，在"草图与注释""三维基础"和"三维建模"工作空间下是不显示菜单栏的。若要显示菜单栏，则可在快速访问工具栏中单击下拉按钮 ，在弹出的快捷菜单中选择"显示菜单栏"命令。

新建文件，即建新图。选择标题栏上的 →"新建"命令(图 1-8)，或在工具栏中单击"新建" 图标按钮，都可以创建新图形文件，此时，打开"选择样板"对话框，如图 1-9 所示。

7

图 1-8　文件下拉菜单　　　　　　　　　图 1-9　"选择样板"对话框

　　在弹出的"选择样板"对话框中有 3 种格式的图形样板：.dwt 标准样板文件，.dwg 普通样板文件，.dws 包含标准图层、标注样式、线型和文字样式的样板文件。可以在样板列表框中选择 acad.dwt 样板文件，这时，右侧的"预览"框中将显示该样板的预览图像，单击"打开"按钮，选中的样板文件作为样板来创建新图形。

　　1．打开文件

　　选择标题栏上的 ![A] →"打开"命令(图 1-8)，或在工具栏中单击"打开" ![icon] 图标按钮，都可以打开图形文件。

　　2．保存、另存为文件

　　保存功能同打开操作一样。在 AutoCAD2014 中，保存文件时可以使用密码保护功能，对文件进行加密保护。选择标题栏上的 ![A] →"保存"或"另存为"命令，打开"图形另存为"对话框，在该对话框中，选择"工具"→"安全选项"命令，如图 1-10 所示，打开"安全选项"对话框，如图 1-11 所示，在该对话框的"密码"选项卡中，可以在"用于打开此图形的密码或短语"文本框中输入密码，然后，单击"确定"按钮，打开"确认密码"对话框，在"再次输入用于打开此图形的密码"文本框中输入确认密码，单击"确定"按钮，如图 1-12 所示。

图 1-10　选择"工具"→"安全选项"命令

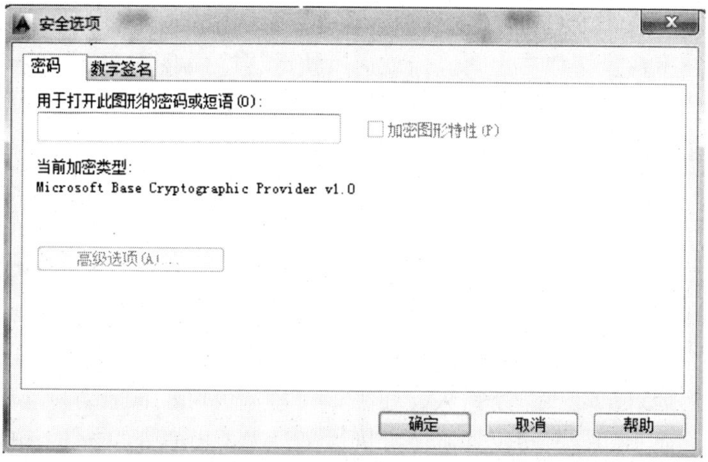

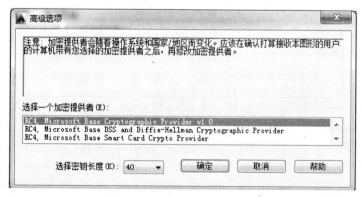

图 1-11 "确认密码"对话框

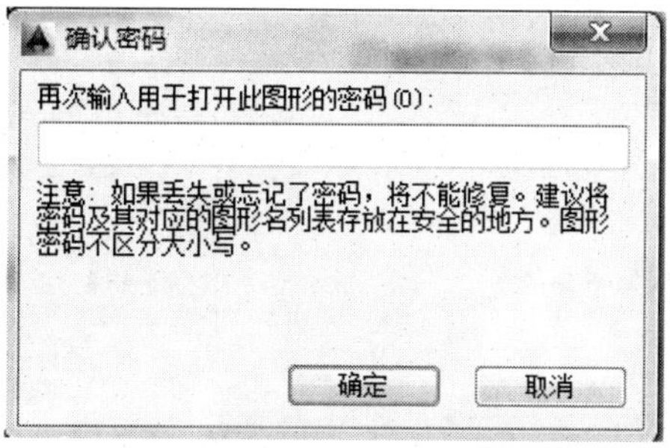

图 1-12 "密码"对话框

　　为文件设置密码后，在打开文件时，系统将弹出"密码"对话框，要求输入正确的密码，否则无法打开文件。

　　进行加密设置时，可以在"安全选项"对话框中，单击"高级选项"图标按钮，打开"高级选项"对话框，在该对话框的"选择密钥长度"下拉列表框中选择加密长度，如图 1-13 所示。

图 1-13 "高级选项"对话框

3．退出

单击屏幕标题栏右上角关闭或点 ![A] 关闭或在命令行输入：QUIT(EXIT)。

任务四：在使用 AutoCAD 绘图之前，需要设置图形界限，即绘图区域。在命令窗口中按提示输入左下角坐标和右上角坐标或通过执行"格式/图形界限"命令，不同图纸输入坐标数值不同；需要对绘图环境的某些参数进行设置，如绘图时所使用的长度单位、角度单位、单位显示格式和精度等。

熟悉绘图环境，学习绘图界限、绘图单位设置、线型及颜色等，方便、高效、规范地绘制出风格一致的图形。

命令行窗口是输入命令、显示命令和反馈各种信息提示的区域，默认的命令行窗口在绘图区下方，是若干文本行，用户要时刻关注该窗口中显示的信息，如图 1-14 所示。选择菜单栏中的"视图"→"用户界面"→"文本窗口"命令，如图 1-15 所示，打开命令窗口。其可以通过移动拆分条扩大、缩小该窗口，也可任意拖动为浮动窗口，也可以上下拖动改变其显示的行数和位置，还可执行 TEXTSCR 命令和按 F2 键切至文本窗口，它记录了对文档进行的所有操作。

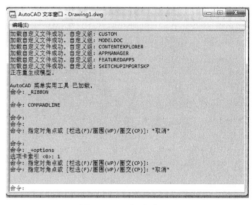

图 1-14　命令行窗口　　　　　　　　图 1-15　文本窗口

第 1 步：设置绘图环境，确定绘图单位。

在 AutoCAD 中，可以采用 1:1 的比例绘图，因此，所有的图形都可以用真实的大小来绘制。

在中文版 AutoCAD2014 中，选择标题栏上 ▲ 的"图形实用工具"→"单位"，如图 1-16 所示，打开如图 1-17 所示的"图形单位"对话框，在该对话框中，可以设置绘图时使用的长度单位、角度单位，以及单位的显示格式和精度等参数。

在长度测量单位的类型中，"工程"和"建筑"是以英寸和英尺显示，每个图形单位表示 1 英寸。其他类型没有设定，每个图形单位可以表示任何实际的单位。

如果块或图形创建时使用的单位与该选项指定的单位不同，则在插入这些块或图形时，将对其按比例缩放。插入比例是源块或图形使用的单位与目标图形使用的单位之比。如果插入块时不按指定比例缩放，选择"无单位"选项。

在"图形单位"对话框中，单击"方向"按钮，打开"方向控制"对话框，利用该对话框，可以设置起始角度(0°)的方向，如图 1-18 所示。默认情况下，角度 0°的方向是指正东方或 3 点钟的方向，如图 1-19 所示，逆时针旋转方向为角度的正值方向。

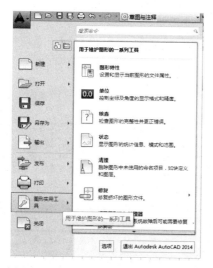

图 1-16 "图形实用工具"对话框

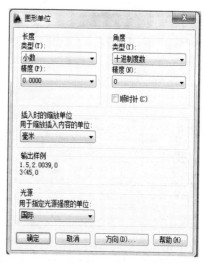

图 1-17 "图形单位"对话框

图 1-18 "方向控制"对话框

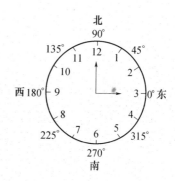

图 1-19 默认的 0°角度方向

第 2 步：设置图形界限。

使用 LIMITS 命令可以在模型空间中设置一个想象的矩形绘图区域，也称为图限，它确定的区域是可见栅格指示的区域，可以避免用户所绘制图形超出边界。

在命令行输入：LIMITS(或从菜单"格式"→"图形界限")，在命令提示符下输入左下角点坐标值(X，Y)(例如 0，0)和右上角点坐标值(X，Y)(例如 297，210)。坐标值(X，Y)或选用默认值。再点击命令 ZOOM 选择 A(全部)，将显示范围设置得和图形极限相同。

选择"开(ON)"将打开图形界限检查，不能在图形界限之外指定一点或结束一个对象，也不能使用"移动"或"复制"命令将图形移到图形界限之外，但可以指定两个点(圆心和圆周上的点)画圆，圆的一部分可能在图形界限之外。

选择"关(OFF)"将禁止图形界限检查，可以在图形界限之外绘图或指定点。

【练习 1-1】 以 A2(594×420)图纸幅面，设置图形界限。

选择菜单栏中的"格式"→"图形界限"命令或在命令行输入 LIMITS 命令↓

指定左下角点或[开(ON)/ 关(OFF)]<0.0000，0.0000>：输入 0，0↓

指定右上角点<420.0000，297.0000>：输入 594，420↓

输入 Z↓

输入 A↓

启动 AutoCAD 用户默认的绘图单位是 A3 图幅的尺寸，但用户看到的坐标显示的是 A0 图纸尺寸，这就是一个绘图环境及图形显示的问题。国家标准的图纸基本幅面及周边如表 1-2 所列。

表 1-2　国家标准图幅尺寸

幅面代号	A0	A1	A2	A3	A4
L×B	1189×840	841×594	594×420	420×297	297×210
e	20		10		
内边宽 a	25				
内边长 c	10		5		

第 3 步：设置绘图环境。

如果对当前绘图环境不是很满意，想更改屏幕背景、光标大小等，可以选择菜单"视图"→"用户界面"→"用户界面 ▾"，或选择菜单"工具"→"选项"，打开如图 1-20 所示的"选项"对话框。在该对话框中包含"文件""显示""打开和保存""打印和发布""系统""用户系统配置""绘图""三维建模""选择集""配置"和"联机" 11 个选项卡。通过它们可以定制 AutoCAD，以便符合自己的要求。

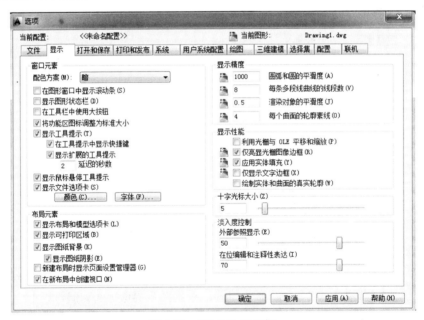

图 1-20　"选项"对话框

1．设置背景

在默认情况下，绝大多数用户不习惯 AutoCAD 的黑色背景、白色线条绘图窗口，通常需要进行修改绘图窗口的颜色。打开"显示"选项卡，单击"窗口元素"区域中的"颜色"按钮，打开"图形窗口颜色"对话框。按视觉习惯改成白色为窗口颜色。"字体"按钮可以修改命令行字体。

显示选项卡还可以用于设置是否显示屏幕菜单，是否显示滚动条，是否在启动时最小化 AutoCAD 窗口等功能。

2. 设置栅格

栅格显示只能提供绘制图形的参考背景，捕捉才是约束鼠标光标移动的工具。在绘制图形时，使用捕捉和栅格功能有助于创建和对齐图形中的对象。一般两个功能同时使用，能保证鼠标准确定位。

在状态栏的"栅格显示"是一种可见的位置参考图标，有助于定位，相当于坐标纸，如图 1-21 所示。栅格不是图形的组成部分，不能打印输出。

图 1-21　栅格显示

选中状态栏中"捕捉模式"，可以设置鼠标光标移动的固定步长，即栅格点阵的间距，使鼠标在 X 轴和 Y 轴方向上的移动量总是步长的整数倍，以提高绘图的精度。

3. 设置捕捉模式

在 AutoCAD2014 中，可以使用系统提供的对象捕捉、对象捕捉追踪等功能，在不输入坐标的情况下，快速、精确地绘制图形。

要确定点的准确位置，必须使用坐标或捕捉功能。

"捕捉"用于设置光标移动的间距。"栅格"是一些标定位置的点，起到坐标纸的作用，可以提供直观的距离和位置参考。在 AutoCAD 中，使用"捕捉"和"栅格"功能，可以提高绘图效率。

打开或关闭"捕捉"和"栅格"功能有以下几种方法。

(1) 在 AutoCAD 程序窗口的状态栏中，单击"捕捉"和"栅格"按钮。

(2) 按 F7 键打开或关闭栅格，按 F9 键打开或关闭捕捉。

(3) 选择菜单栏中的"工具"→"绘图设置"命令，如图 1-22 所示，打开"草图设置"对话框，在该对话框的"捕捉和栅格"选项卡中，选中或取消"启用捕捉"和"启用栅格"复选框，如图 1-23 所示。

利用"绘图设置"对话框中的"捕捉和栅格"选项卡，可以设置捕捉和栅格的相关参数，各选项的功能介绍如表 1-3 所列。

图 1-22　"工具"下拉菜单

4. 正交模式

正交模式是在任意角度和直角之间对约束线段进行切换的一种模式，正交模式只能沿水平或垂直方向移动，取消后可沿任意角度进行绘制。

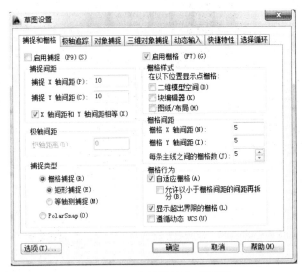

图 1-23　"草图设置"对话框

表 1-3　"捕捉和栅格"选项卡功能介绍

选项	功能介绍
"启用捕捉"复选框	打开或关闭捕捉方式。选中该复选框，启用捕捉。
"捕捉间距"选项区域	设置捕捉间距、捕捉角度以及捕捉基点坐标。
"启用栅格"复选框	打开或关闭栅格的显示。选中该复选框，启用栅格。
"栅格间距"选项区域	设置栅格间距。如果栅格的 X 轴和 Y 轴间距值为 0，则栅格采用捕捉 X 轴和 Y 轴间距的值。
"捕捉类型"选项区域	设置捕捉类型和样式，包括"栅格捕捉"和"极轴捕捉"两种。选中"栅格捕捉"单选按钮，设置捕捉样式为栅格，其中有"矩形捕捉"和"等轴测捕捉"单选模式。选中"极轴捕捉"单选按钮，设置捕捉样式为极轴捕捉。
"栅格行为"选项区域	用于设置"视觉样式"下栅格线的显示样式(三维线框除外)。"自适应栅格"复选框，用于限制缩放时栅格的密度；"允许以小于栅格间距的间距再拆分"复选框，用于是否能够以小于栅格间距的间距来拆分栅格；"显示超出界限的栅格"复选框，用于确定是否显示图限之外的栅格；"跟随动态 UCS"复选框，跟随动态 UCS 的 XY 平面而改变栅格平面。

　　使用 ORTHO 命令，可以打开正交模式，在正交模式下，可以方便地绘制与当前 X 或 Y 轴平行的线段。打开或关闭正交模式有以下两种方法：

　　(1) 在 AutoCAD 程序窗口的状态栏中单击"正交"按钮。

　　(2) 按 F8 键打开或关闭。

　　5. 对象捕捉

　　AutoCAD 为用户提供了对象捕捉功能，可以迅速、准确地捕捉到对象上的特殊点，如：端点、中点、圆心和两个对象的交点等，从而能够精确地绘制图形。有两种方式，一种是自动对象捕捉，另一种是临时对象捕捉。

　　在 AutoCAD 中，可以通过菜单"工具"→"工具栏"→"AutoCAD"→"对象捕捉"，打开如图 1-24 所示工具。或通过"工具"→"绘图设置"对话框等方式来设置对象捕捉模式。

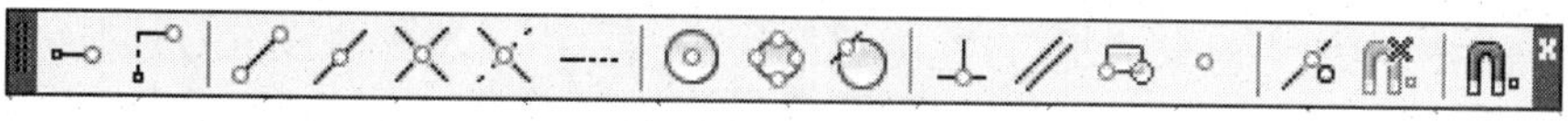

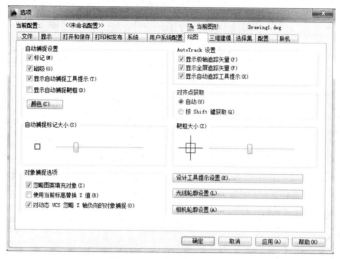

图 1-24 "对象捕捉"工具栏

设置自动捕捉功能，选择菜单栏中的"工具"→"选项"命令，打开"选项"对话框，在该对话框的"绘图"选项卡中，可以进行自动捕捉功能的设置，如图 1-25 所示。

图 1-25 "选项"对话框

自动捕捉就是把光标放在对象上时，系统自动捕捉到对象上所有符合条件的几何特征点，并显示相应的标记和提示，这样，在选择点之前，就可以预览和确认捕捉点。

要打开对象捕捉模式，可以选择菜单栏中的"工具"→"绘图设置"命令，在打开的"绘图设置"对话框中，选择"对象捕捉"选项卡，选中"启用对象捕捉"复选框，在"对象捕捉模式"选项区域中选中相应的复选框，如图 1-26 所示。

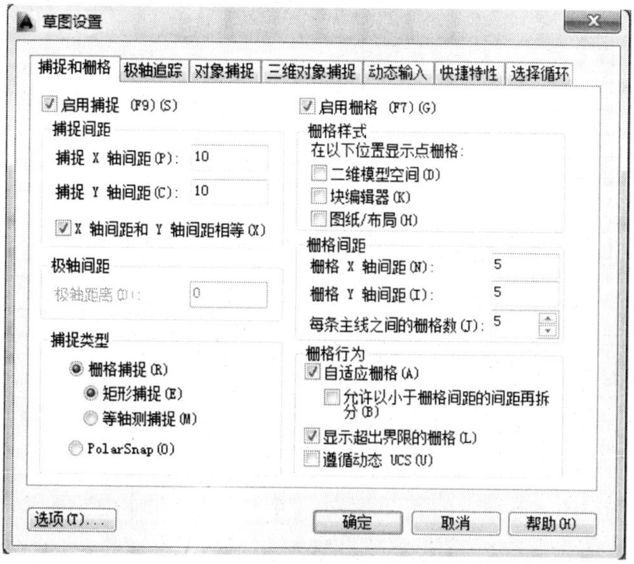

图 1-26 "对象捕捉"选项卡

右击状态栏中的"对象捕捉"，在弹出的快捷菜单中，选择"设置"，同样可以打开"草图设置"对话框的"对象捕捉"选项卡。

6．设置光标大小

在绘图区光标变成"十"字，AutoCAD 通过光标显示当前点位置。通过修改"显示"选项卡中的"十字光标大小"，用户可根据实际需要更改光标大小，还可更改样式。或者在绘图窗口菜单选择"默认"→"实用工具"→"点样式"，弹出如图 1-27 所示对话框。将点大小修改成 5.000%，即预设为屏幕大小的 5%。

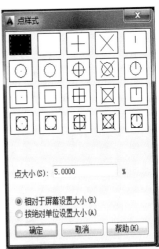

"显示粗度"和"显示性能"区域用于设置着色对象的平滑度、每个曲面轮廓线数等。所有这些设置均会影响系统的刷新时间与速度，进而影响操作的流畅性。

任务五：基本输入操作—掌握相对坐标和绝对坐标的不同输入方法；在绘图区中尝试同时利用命令行、下拉菜单和工具栏绘制一条线段。

AutoCAD 中有一些基本的输入操作方法，是深入学习 AutoCAD 功能的前题。绘图是以点为基础的，而在 AutoCAD 中，点坐标的输入方式有 4 种，直角坐标、极坐标、球面坐标和柱面坐标，每一种又分成绝对坐标和相对坐标，其中直角坐标和极坐标最为常用，如表 1-4 所列。

图 1-27 "点样式"对话框

表 1-4 点坐标的输入方式

输入方式	坐标表示方法		输入格式	使用说明
键盘输入	绝对坐标	直角坐标	x, y, z	通过键盘输入 x, y, z 三个数值所指定的点的位置，可以使用分数、小数或科学记数等形式表示点的坐标值，数值之间用","分隔开，画二维图形时，不需要输入 z 坐标值。
		极坐标	$l<\alpha$	l：表示输入点与坐标原点之间的距离；α：表示输入点与坐标原点的连线同 X 轴正向之间的夹角，距离和角度之间用"<"分隔开，规定 X 轴正向为 0°，逆时针方向旋转为角度的正值。
	相对坐标	直角坐标	$@x, y, z$	@：表示相对坐标，相对坐标是指当前点相对于前一个作图点的坐标增量。其中角度值是指当前点和前一个作图点的连线与 X 轴正向之间的夹角。
		极坐标	$@l<\alpha$	

【练习 1-2】 绘制 300mm 线段。

绘制步骤：选项区域中单击"直线" 图标按钮，或在命令行窗口输入 LINE 命令。

命令：LINE ↓

在窗口输入命令名，命令字符可不区分大小写。Line 同 LINE。执行命令时会出现命令选项，如图 1-28 所示。可在屏幕上移动鼠标指明线段的方向，但不要单击鼠标确认，然后在命令行输入 300，则在指定方向上绘制了长度为 300mm 的线段，如图 1-29 所示。

16

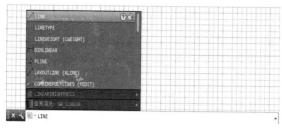

图 1-28 命令窗口

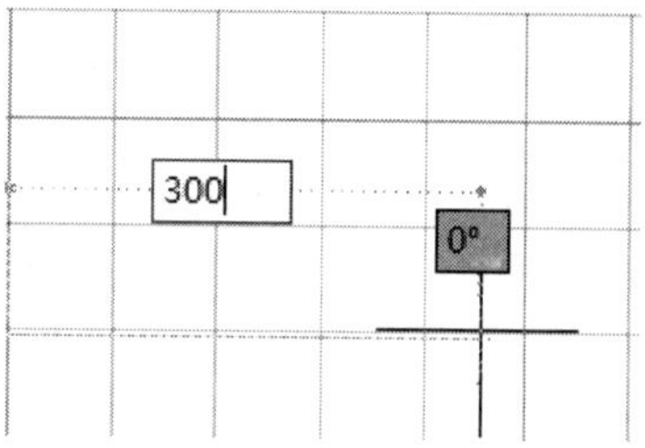

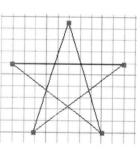

图 1-29 上机练习图

【自主练习】 绘制一个边长 300mm 的四边形。

【练习 1-3】 使用相对直角坐标和相对极坐标的方法,画一个五角星。

1．直角坐标系

　)_line 指定第一点:输入 200,50↓(↓:表示回车)

指定下一点或[放弃(U)]:输入 @-30.9,95.1↓

指定下一点或[放弃(U)]:输入 @-30.9,-95.1↓

指定下一点或[闭合(C)/放弃(U)]:输入 @80.9,58.8↓

指定下一点或[闭合(C)/放弃(U)]:输入 @-100,0↓

指定下一点或[闭合(C)/放弃(U)]:输入 C↓

　命令行窗口输入:ZOOM↓

　再输入 A↓

　注意定点之后,为相对坐标@x,y。图形绘制完成后,如果在当前绘图窗口内看不到五角星图形,可以在命令行窗口输入:ZOOM↓,根据提示,再输入 A↓,便能看到图 1-30 所示图形。

2．极坐标系

_line 指定第一点:输入 200,50↓

指定下一点或[放弃(U)]:输入 @100<108↓

指定下一点或[放弃(U)]:输入 @100<-108↓

指定下一点或[闭合(C)/放弃(U)]:输入 @100<36↓

指定下一点或[闭合(C)/放弃(U)]:输入 @100<180↓

指定下一点或[闭合(C)/放弃(U)]:输入 C↓

图 1-30 五角星

四、思考与练习

(1) 建立一个新的图形文件,并将此文件存为"用户名.dwg"。

　设置绘图环境:单位使用十进制长度单位,精度为小数点后三位;采用十进制角度单位,精度为小数点后两位。

　设置绘图极限:图幅为 A2(594×420),左下角为(0,0),将显示范围设置得和图形极限相同;设置栅格间距为 5 个单位,要求用细实线绘图 1-1 所示图形符号,绘图和编辑方法不限。

(2) 在上一步骤的基础上建立一个新的样板文件，并将此文件存为"A2.dwt"。用 AutoCAD 绘制工程图纸时，首先要创建一个样板图，把绘图环境的初始设置以及其他一些共性问题的设置都放在样板图中，以后每次开始绘图时都可直接调用样板图，能够避免很多重复性的工作，提高绘图效率。

(3) 在用户盘上创建用户自己的文件夹，同时将"用户名.dwg"和"A2.dwt"两个文件存入该文件夹内。

(4) 用坐标输入法完成图 1-31、图 1-32 图形，不标注尺寸。

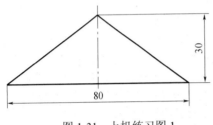

图 1-31　上机练习图 1

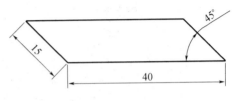

图 1-32　上机练习图 2

(5) 要求建立新图形，设置栅格为 5 个单位，用细实线绘制如图 1-33 所示图形符号。

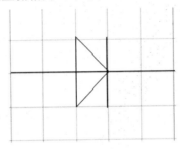

图 1-33　上机练习图 3

(6) 利用直接距离输入法、相对极坐标法和相对直角坐标法绘制如图 1-34、图 1-35 所示的图形。

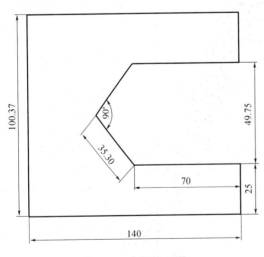

图 1-34　上机练习图 4

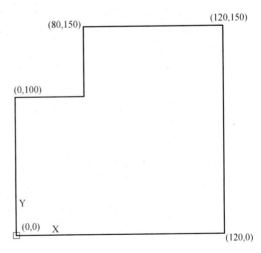

图 1-35　上机练习图 5

(7) 绘制如图 1-36 所示图形，使用捕捉对象完成，不标注尺寸。

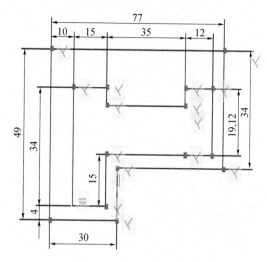

图 1-36 上机练习图 5

做图要点提示：绘制内部图 line。

选择对象捕捉中的捕捉基点 ，选择 A 点作为基点，再输入@10，-4(B 点对于 A 点的坐标确定内部图基点)，直接继续画直线完成。

实验二　简单基本绘图

导读: 二维图形是指在二维平面空间绘制的图形,主要由一些图形元素组成,如点、直线、圆弧、圆、椭圆、矩形、多边形、多段线、样条曲线、多线等几何元素。简单基本绘图应学会直线类命令、圆类命令、平面图形命令和点命令。掌握基本绘图方法,特别是命令方法。绘图是 AutoCAD 的主要功能,也是最基本的功能,而二维平面图形的形状都很简单,创建起来也很容易,它们是整个 AutoCAD 的绘图基础。因此,只有熟练地掌握二维平面图形的绘制方法和技巧,才能够更好地绘制出复杂的图形。

一、实验目的

(1) 掌握 AutoCAD2014 的基本绘图方法;

(2) 掌握 AutoCAD 中基本绘图命令点、圆、矩形、正多边形、直线的操作;

(3) 掌握一些简单的绘图技巧,如修剪、打断;

(4) 掌握基本编辑方法,如复制、取消、删除、旋转、镜像移动、倒角等。

二、预习思考题

(1) 选择合适的命令填入相对应的命令名后括号内。

　　A. RAY　　　　　　B. TRACE　　　　　　C. XLINE　　　　　　D. LINE

　　直线段(　)　　　　构造线(　)　　　　轨迹线(　)　　　　射线(　)

(2) 请写出五种绘制圆弧的方法。

(3) 对于给定尺寸的正多边形如何确定它与圆的关系是内接于圆还是外切于圆?

(4) 如何绘制给定尺寸的矩形?(两种方法)

(5) 修剪操作中,提示信息的顺序是什么?

三、实验内容及步骤

二维图形主要是由一些基本图形元素组成的,如:点、直线、圆弧、多边形等几何元素。AutoCAD 提供了大量的绘图工具,可以帮助用户完成二维图形的绘制。二维图形是整个 AutoCAD 的绘图基础,只有熟练地掌握二维图形的绘制方法和技巧,才能够更好地绘制复杂图形。

任务一: 绘制如图 2-1 所示螺母。表 2-1 给出了实际螺母 GB/T 6170 M6、M8 和 M12 的标准尺寸。螺母有两种画法,一种为查表法,按国际标准画;一种为比例画法,也称简化画法。

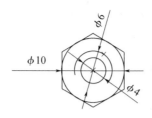

图 2-1 螺母

表 2-1 实际螺母 GB/T 6170 M6、M8 和 M12 的标准尺寸

螺纹规格(6H)｜D_2:	M6	M8	M12
螺纹规格(6H)｜$D \times P_2$:	—	M8×1.25	M12×1.5(M12×1.25)
e min	11.05	14.38	20.03
s max/min	10/9.78	13/12.73	18/17.73
m max/min	5.2/4.9	6.8/6.44	10.8

注：表 2-1 中的 e 为外切六边形对角长度，s 为外圆直径，m 为内径。取圆直径为 4、6、10，外切六边形。

第 1 步：用单点标注圆心。

因为需画 3 个圆，直径分别为 4，6，10 和一个六边形，它们需要共同圆心，因此先用单点标注圆心，作为画图依据，选择菜单栏中的"绘图"→"点"→"单点"命令，可以在绘图窗口中指定一个点。

由于图形尺寸太小，可以用缩放来放大显示尺寸便于观察和操作，而不是绘图尺寸。选择菜单栏中的"视图"→"缩放"→"范围"，视图空间将最大尺度地显示所有已经画好的图形。还有"平移""实时缩放""窗口缩放"和"缩放上一个"等选项，根据需要进行选择。

视图缩放工具和"修改"菜单里的"缩放"工具完全不同，视图缩放工具只是改变了图形显示的大小，图形的实际尺寸并没有改变。

【知识点：点】 标注圆心，首先设置点样式。

在 AutoCAD 中，点对象可作为捕捉和偏移对象的节点或参考点，可以通过"单点""多点""定数等分"和"定距等分"4 种方法创建点对象。点在图形中的表示样式共有20 种。选择菜单栏中的"格式"→"点样式"命令，可参看图 2-2，打开"点样式"对话框，可以在该对话框中选择点的样式，设置点的大小。

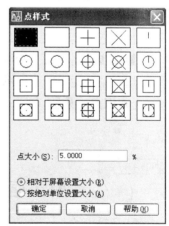

图 2-2 "点样式"对话框

1. 绘制单点和多点

选择菜单栏中的"绘图"→"点"→"单点"命令，可以在绘图窗口中指定一个点；选择菜单栏中的"绘图"→"点"→"多点"命令，可以在绘图窗口中指定多个点，直到按Esc 键结束。

2．定数等分对象

在 AutoCAD 中，选择菜单栏中的"绘图"→"点"→"定数等分"命令，可以在指定的对象上绘制等分点或在等分点处插入块。使用该命令时，应注意输入的是等分数，不是放置点的个数，如果将所选的对象分成 N 等份，实际上只生成 N-1 个点。其次，一次只能对一个对象操作，不能对一组对象操作。

【练习 2-1】 将图 2-3 所示的直线 AB 五等分。

(1) 选择菜单栏中的"绘图"→"点"→"定数等分"命令。

(2) 命令行提示：

命令：_divide

选择要定数等分的对象：在绘图窗口内选择直线 AB

输入线段数目或[块(B)]: 5↓

定数等分结果如图 2-4 所示。

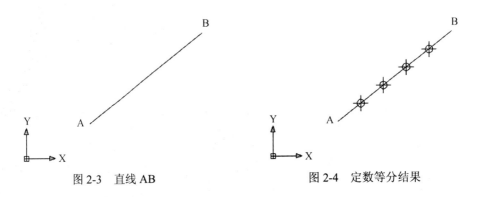

图 2-3　直线 AB　　　　　　　　　图 2-4　定数等分结果

3．定距等分对象

在 AutoCAD2014 中，选择菜单栏中的"绘图"→"点"→"定距等分"命令，可以在指定的对象上按指定的长度绘制点或插入块。

【注意】 放置点的起始位置从距离对象选取点较近的端点开始；如果对象的总长度不能被所选长度整除，则最后放置点到对象端点的距离不等于所选长度。

第 2 步：用圆命令绘制一个圆。

选择菜单栏中的"绘图"→"圆"，输入半径 2，回车。

【知识点：圆】 在 AutoCAD2014 中，可以使用 6 种方法绘制圆，如图 2-5 所示。

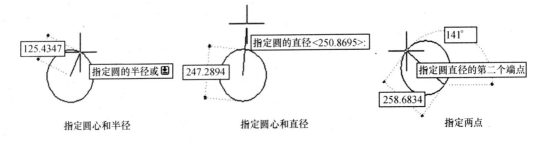

指定圆心和半径　　　　　　　指定圆心和直径　　　　　　　指定两点

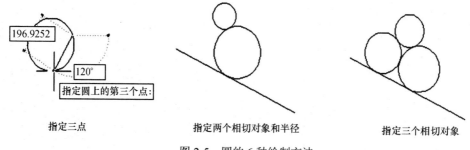

| 指定三点 | 指定两个相切对象和半径 | 指定三个相切对象 |

图 2-5　圆的 6 种绘制方法

选择菜单栏中的"绘图"→"圆"命令中的子命令，或在"面板"选项板的"绘图"选项区域中(或在 AutoCAD 经典工作空间的"绘图"工具栏中)单击"圆"图标按钮，出现如图 2-6 所示。

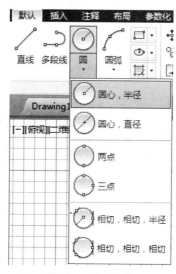

图 2-6　圆工具栏

命令行提示：

命令：_circle 指定圆的圆心或[三点(3P)/两点(2P)/相切、相切、半径(T)]:

默认情况下，先指定圆的圆心，然后，再指定圆的半径(或直径)。

"三点(3P)"选项：指定不在一条直线上的三点，即可绘制圆。

"两点(2P)"选项：指定圆的直径上的两个端点。

"相切、相切、半径(T)"选项：先指定与圆相切的两个对象，如：直线、圆或圆弧等，然后，再指定圆的半径。

【练习 2-2】　练习直线和圆的绘制(绘制图 2-7 所示的图形)。

(1) 选择菜单栏中的"绘图"→"直线"命令，或在"面板"选项板的"二维绘图"选项区域中(或在 AutoCAD 经典工作空间的"绘图"工具栏中)单击"直线"图标按钮。

命令行提示：

命令：_line 指定第一点：输入 1000，400 ↓

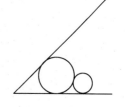

图 2-7　图形

指定下一点或[放弃(U)]：输入@600<180↓

指定下一点或[放弃(U)]：输入@800<45↓

指定下一点或[闭合(C)/放弃(U)]：↓

(2) 在"面板"选项板的"二维绘图"选项区域中(或在 AutoCAD 经典工作空间的"绘图"工具栏中)单击"圆"图标按钮⊙。

(3) 命令行提示：

命令：_circle 指定圆圆心或[三点(3P)/两点(2P)/相切、相切、半径(T)]：输入 820, 460↓

指定圆的半径或[直径(D)]：60↓

(4) 选择菜单栏中的"绘图"→"圆"→"相切、相切、相切"命令。

(5) 命令行提示：

命令：_circle 指定圆的圆心或[三点(3P)/两点(2P)/相切、相切、半径(T)]：_3p 指定圆上的第一个点：

在绘图窗口内，移动光标，当光标移动到水平线上时，如图 2-8 所示，显示Ⅴ...提示符(切点：对象捕捉模式)，单击鼠标。

(6) 命令行继续提示：

指定圆上的第二个点：

移动光标，当光标移动到倾斜线上时，如图 2-8 所示，显示Ⅴ...提示符，单击鼠标。

(7) 命令行继续提示：

指定圆上的第三个点：

移动光标，当光标移动到圆周上时，如图 2-8 所示，显示Ⅴ...提示符，单击鼠标，完成图形绘制。

会画圆，椭圆就非常简单了，只需在功能区单击"椭圆"图标按钮⬭，即可绘制椭圆。可采用"中心点"选项：指定椭圆的中心点、一个轴的端点和另一个半轴的长度绘制椭圆。或"轴、端点"选项：指定椭圆一个轴的两个端点和另一个轴的半轴长度绘制椭圆。

第 3 步：用正多边形命令绘制圆的外切正六边形，如图 2-9 所示，注意正多边形的中心坐标与上面的圆相同。

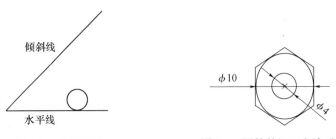

图 2-8　直线和圆　　　　　图 2-9　圆的外切正六边形

选择菜单栏中的"绘图"→"正多边形"命令，输入 6，输入 c(外切于圆)回车。

【知识点：多边形】　多边形命令包括矩形和正多边形命令。在 AutoCAD 中，矩形及正多边形的每一条边并不是单一对象，它们构成一个单独的对象。

选择菜单栏中的"绘图"→"正多边形"命令，或在"面板"选项板的"二维绘图"选项区域中(或在 AutoCAD 经典工作空间的"绘图"工具栏中)单击"正多边形"图标按钮 ⬠，命令行提示：

命令：_polygon 输入边的数目<4>：

在 AutoCAD 中，可以绘制边数为 3～1024 的正多边形，输入正多边形的边数后，命令行继续提示：

指定正多边形的中心点或[边(E)]：在绘图窗口内，指定正多边形的中心点。

输入选项[内接于圆(I)/外切于圆(C)] <I>：

"内接于圆(I)"选项：绘制的正多边形内接于假想的圆。

"外切于圆(C)"选项：绘制的正多边形外切于假想的圆。

如果在命令行的提示下选择"边(E)"选项，则需要在绘图窗口内，指定两个点作为正多边形一条边的两个端点来绘制正多边形，并且，AutoCAD 总是从第 1 个端点到第 2 个端点，沿着当前角度的方向绘制正多边形。

第 4 步：再利用圆命令绘制里边的同心圆，圆心坐标与上面的圆相同。

输入圆命令，@回车，输入半径大小：3，回车，完成同心圆。

第 5 步：整个图形旋转 30°角。

点圆心，选择菜单栏中"修改"→"旋转"。选择对象：全选，回车，窗口图形全部变成虚线。选择基点：选右下角点，输入 30°回车。

第 6 步：将半径为 6 的圆去掉一部分。

点"修改"→"打断"或命令行输入"br"，在需打断圆周上选一点，点击鼠标右键，再找一点点击鼠标右键。

如果想去掉某段自定义长度的部分，可以按以下步骤进行：增加两条边界线，选择菜单栏中"修改"→"打断"，选 f 回车，指定第一点，再指定另一点。

任务二：绘制简单物体三视图，如图 2-10 所示。

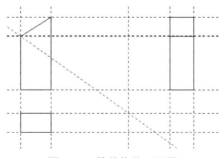

图 2-10　简单物体三视图

第 1 步：用"构造线"绘制竖直构造线。

选择菜单栏中的"绘图"→"构造线"命令，选择 h 水平，回车。

【知识点：构造线】　构造线模拟手工作图的辅助线，是构造线最主要用途，保证了三视图之间"主俯视图长对正、主左视图高平齐、俯左视图宽相等"的对应关系。

两端可以无限延伸的直线称为构造线，构造线没有起点和终点，可以放置在三维空间的任何地方，它主要用于绘制辅助线。

选择菜单栏中的"绘图"→"构造线"命令，或在"面板"选项板的"二维绘图"选项区域中(或在 AutoCAD 经典工作空间的"绘图"工具栏中)单击"构造线" ╱ 图标按钮或命令行输入 XLINE，都可以绘制构造线。

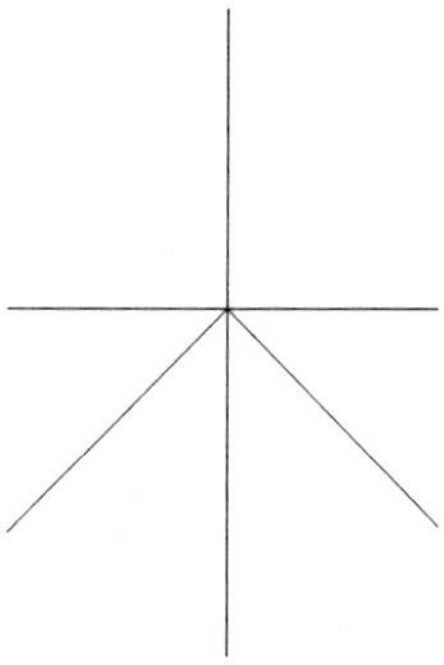

【练习 2-3】 使用"射线"和"构造线"命令，绘制图 2-11 所示的图线。

(1) 选择菜单栏中的"绘图"→"构造线"命令，或单击"构造线" ╱ 图标按钮。

(2) 命令行提示：

命令：_xline 指定点或[水平(H)/垂直(V)/角度(A)/二等分(B)/偏移(O)]：输入 H↓

指定通过点：在绘图窗口中单击，绘制一条水平构造线。

指定通过点：↓(结束构造线的绘图命令)

命令：再次按 Enter 键，重新发出构造线命令。

XLINE 指定点或[水平(H)/垂直(V)/角度(A)/二等分(B)/偏移(O)]：输入 V↓

指定通过点：在绘图窗口中单击，绘制一条垂直构造线。

指定通过点：↓(结束构造线的绘图命令)

选项说明：执行选项中有指定点、水平、垂直、角度、二等分和偏移 6 种方式绘制构造线，分别如图 2-12 所示。

图 2-11　图线练习

图 2-12　4 种方式绘制构造线

(3) 选择菜单栏中的"工具"→"绘图设置"命令，如图 2-13 所示，打开"绘图设置"对话框，在该对话框中，选择"极轴追踪"选项卡，选中"启用极轴追踪"复选框，在"增量角"下拉列表框中选择 45，单击"确定"按钮。

图 2-13　"绘图设置"对话框

(4) 选择菜单栏中的"绘图"→"射线"命令。

(5) 命令行提示：

命令：_ray 指定起点：在绘图窗口内，选择水平构造线与垂直构造线的交点(确保状态栏中"对象捕捉"已打开)。

指定通过点：移动光标，当角度显示为 225°时，单击鼠标，绘制垂直构造线左侧的射线，如图 2-14 所示。

指定通过点：移动光标，当角度显示为 315°时，单击鼠标，绘制垂直构造线右侧的射线，如图 2-15 所示。

指定通过点：按 Enter 键或 Esc 键，结束绘图命令。

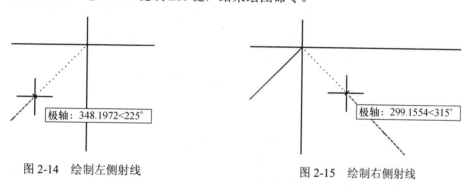

图 2-14　绘制左侧射线　　　　　　图 2-15　绘制右侧射线

第 2 步：用矩形命令绘制俯视图。

在工具栏，先点矩形工具后，不要用鼠标确定点，先在命令行选倒角(C)，输入第一倒角距离 60mm，第二倒角距离 40mm，再选宽度(W)，此处宽度不是矩形的宽，而是矩形边线宽，输入 2mm。如果此处输入 100mm，则图形出现乱图。再在屏幕上找一点，选D(尺寸)，输入给定矩形长和宽的值，回车完成。

【知识点：矩形】　在 AutoCAD2014 中，可以绘制倒角矩形、圆角矩形、有宽度的矩形等，如图 2-16 所示。

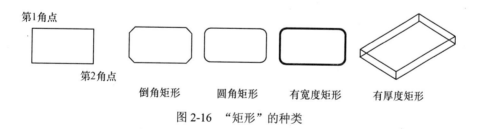

图 2-16　"矩形"的种类

选择菜单栏中的"绘图"→"矩形"命令，或在"面板"选项板的"二维绘图"选项区域中(或在 AutoCAD 经典工作空间的"绘图"工具栏中)单击"矩形"图标按钮▭，命令行提示：

命令：_rectang

指定第一个角点或[倒角(C)/标高(E)/圆角(F)/厚度(T)/宽度(W)]：

默认情况下，通过指定两个点作为矩形的对角点来绘制矩形，当指定了矩形的第 1个角点后，命令行提示：

指定另一个角点或[面积(A)/尺寸(D)/旋转(R)]:

"面积(A)"选项:已知矩形的面积和长度(或宽度)绘制矩形。

"尺寸(D)"选项:已知矩形的长度、宽度和矩形另一角点的方向绘制矩形。

"旋转(R)"选项:指定旋转的角度和拾取两个参考点绘制矩形。

该命令提示中,其他选项的简单含义如下:

"倒角(C)"选项:绘制倒角矩形,需要指定矩形的两个倒角距离。

"标高(E)"选项:指定矩形所在平面的高度。默认情况下,矩形在 XY 平面内。该选项一般用于三维绘图。

"圆角(F)"选项:绘制圆角矩形,需要指定圆角半径。

"厚度(T)"选项:按已设定的厚度绘制矩形,该选项一般用于三维绘图。

"宽度(W)"选项:按已设定的线宽绘制矩形,需要指定线宽。

【练习2-4】 练习绘制倒角矩形。

(1) 选择菜单栏中的"绘图"→"矩形"命令,或单击"矩形"图标按钮。

(2) 命令行提示:

指定第一个角点或[倒角(C)/标高(E)/圆角(F)/厚度(T)/宽度(W)]:输入 C↓

指定矩形的第一个倒角距离<0.0000>:输入 50↓

指定矩形的第二个倒角距离<50.0000>:输入 50↓

指定第一个角点或[倒角(C)/标高(E)/圆角(F)/厚度(T)/宽度(W)]:在绘图窗口内,选中一点,单击鼠标,即确定第1角点。

指定另一个角点或[面积(A)/尺寸(D)/旋转(R)]:在绘图窗口内,再任选一点,单击鼠标,即确定矩形第2角点。

完成倒角矩形的绘制。

第3步: 用"构造线"绘制竖直、水平以及45°构造线。

选择菜单栏中的"工具"→"绘图设置"命令,打开"绘图设置"对话框,在该对话框中,选择"极轴追踪"选项卡,选中"启用极轴追踪"复选框,在"增量角"下拉列表框中选择45,单击"确定"按钮。再单击"构造线"画图。

第4步: 用"矩形"和"直线"完成全图。

任务三:打开实验一样板图,要求完成图 2-17 所示。中心线采用线型 Center。

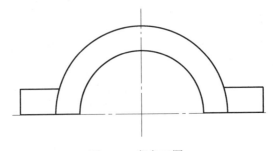

图 2-17 任务三图

第1步: 用直线类绘图命令绘制中心线。

基本的绘图命令,主要集中在菜单栏的"默认"功能区中,如图 2-18 所示。

28

直线类绘图命令包括"直线""射线"和"构造线"等，是 AutoCAD 中最简单的绘图命令。在 AutoCAD 中，"直线"是最常用、最简单的图形对象，只要指定了起点和终点，即可绘制一条直线。可以用二维坐标(x，y)或三维坐标(x，y，z)来指定端点，也可以混合使用二维坐标和三维坐标。如果输入二维坐标，AutoCAD 将会用当前的高度作为 z 坐标值，默认值为 0。

选择功能区中的"绘图"，单击"直线"/图标按钮，就可以绘制直线。

在如图 2-19 所示的特性中选择合适的线型和线宽。可加载其他形式的线型，打开如图 2-20 所示的线型管理器对话框，点"加载"按钮，选择所需线型即可。

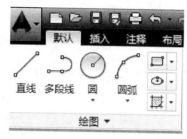

图 2-18 "绘图"

图 2-19 线型和线宽

图 2-20 线型管理器对话框

直线类还有射线和构造线。单向延伸的构造线即是射线。两端可以无限延伸的直线称为构造线，构造线没有起点和终点，可以放置在三维空间的任何地方，它主要用于绘制辅助线。

选择菜单栏中的"绘图"→"构造线"命令，或在"功能区"单击"构造线"/图标按钮，都可以绘制构造线。

第 2 步：将线型设置为 Continuous，线宽设置为 0.3，用"画圆"命令，捕捉中心线交点作为圆心，绘制两个半径为 50 和 70 的圆，如图 2-21 所示。再用修剪命令进行剪切，也可利用圆弧命令完成。

圆(弧)类绘图命令，主要包括"圆""圆弧""椭圆"和"椭圆弧"等，这是 AutoCAD 中最简单的曲线命令。

方法一：先画圆再修剪。

圆是绘图的基本图素，经常用到，通常可通过指定圆心坐标点和半径来画圆，或是指定圆上的点来绘圆，如图 2-22 所示为圆命令菜单。

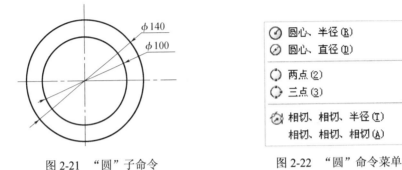

| 图 2-21 "圆"子命令 | 图 2-22 "圆"命令菜单 |

利用修剪来形成半圆。

【知识点：修剪】 选择菜单栏中的"修改"→"修剪"命令，或在"面板"选项板的"二维绘图"选项区域中(或在 AutoCAD 经典工作空间的"绘图"工具栏中)单击"修剪"图标按钮，命令行提示：

命令：_trim

当前设置：投影=UCS，边=无

选择剪切边……

选择对象或<全部选择>：选择对象作为剪切边，可以选择多个对象作为剪切边↓

选择要修剪的对象，或按住 Shift 键选择要延伸的对象，或[栏选(F)/窗交(C)/投影(P)/边(E)/删除(R)/放弃(U)]，点击 enter 后完成。

在 AutoCAD 中，可以作为剪切边的对象有：直线、圆、圆弧、椭圆、椭圆弧、多段线、样条曲线、构造线、射线以及文字等。默认情况下，选择被剪切边，系统将以剪切边为界，将被剪切对象上位于拾取点一侧的部分剪切掉，如图 2-23 所示。如果按住 Shift 键，并同时选择与剪切边不相交的对象，剪切边将变为延伸边界，将选择的对象延伸至与剪切边相交。该命令提示中，主要选项的功能简单介绍如下：

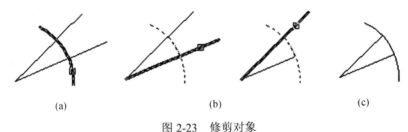

    (a)   (b)   (c)

图 2-23 修剪对象

(a) 选择剪切边；(b) 选择被剪切边；(c) 完成剪切。

"投影(P)"选项：主要应用于三维空间两个对象的修剪，也可将对象投影到某一平面上进行修剪操作。

"边(E)"选项：选择 E(边)↓，命令行提示：

输入隐含边延伸模式[延伸(E)/不延伸(N)]<不延伸>:

如果选择 E(延伸)↓，当剪切边太短而没有与被剪切对象相交时，延伸剪切边并进行修剪；如果选择 N(不延伸)↓，只有当剪切边与被剪切对象相交时，才能修剪。

"放弃(U)"选项：取消上一次操作。

方法二：利用圆弧画两个半圆。

选择菜单栏中的"绘图"→"圆弧"命令中的子命令，如图 2-24 所示，或在"面板"选项板的"绘图"选项区域中单击"圆弧"图标按钮 ，即可绘制圆弧。

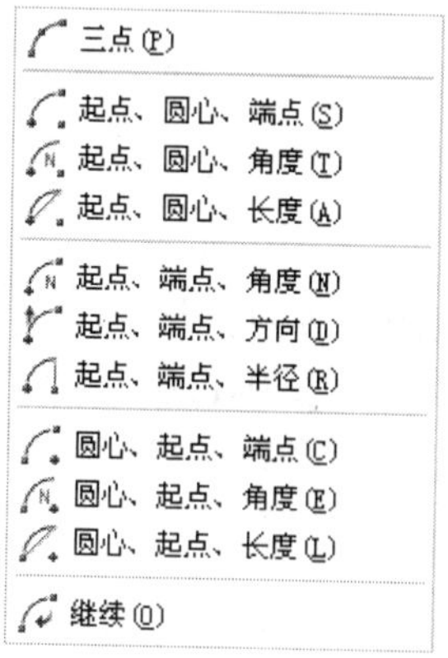

【知识点：画圆弧】 在 AutoCAD2014 中，圆弧的绘制方法有 11 种，各选项简单介绍如下：

"三点"选项：给定三个点绘制一段圆弧，需要指定圆弧的起始点、通过的第二个点和端点。

"起点、圆心、端点"选项：指定圆弧的起始点、圆心和端点绘制圆弧。

"起点、圆心、角度"选项：指定圆弧的起始点、圆心和包含角度绘制圆弧。如果当前环境设置逆时针为角度正值的方向，则输入角度正值时，圆弧从起始点绕圆心逆时针方向绘制，输入角度负值时，圆弧从起始点绕圆心顺时针方向绘制。

图 2-24 "圆弧"子命令

"起点、圆心、长度"选项：指定圆弧的起始点、圆心和弦长绘制圆弧。给定的弦长不得超过起始点到圆心距离的两倍。

"起点、端点、角度"选项：指定圆弧的起始点、端点和包含角度绘制圆弧。

"起点、端点、方向"选项：指定圆弧的起始点、端点和圆弧在起始点处的切线方向绘制圆弧。

"起点、端点、半径"选项：指定圆弧的起始点、端点和半径绘制圆弧。

"圆心、起点、端点"选项：指定圆弧的圆心、起始点和端点绘制圆弧。

"圆心、起点、角度"选项：指定圆弧的圆心、起始点和包含角度绘制圆弧。

"圆心、起点、长度"选项：指定圆弧的圆心、起始点和弦长绘制圆弧。

"继续"选项：选择该选项，命令行提示"指定圆弧的起点或[圆心(C)]:"，直接按 Enter 键，系统将以最后绘制线段或圆弧过程中确定的最后一点作为新圆弧的起始点，以最后所绘制线段方向或圆弧终止点处的切线方向为新圆弧起始点处的切线方向，然后，再指定一点，即可绘制一个圆弧，如图 2-25 所示。

第 3 步：用画线命令绘制右边直线部分，起点捕捉圆弧端点，画水平段、垂直段，再画上部水平段，如图 2-26 所示。

第 4 步：用"镜像"命令，以垂直中心线(捕捉其上的点)为镜像线镜像复制左半部分。

夹点编辑模式下，确定基点后，在命令行提示下输入 MI↓进入镜像模式，命令行提示：

指定第二点或[基点(B)/复制(C)/放弃(U)/退出(X)]:

指定镜像线上的第二个点后，AutoCAD 将以基点作为镜像线上的第一点，新指定的点作为镜像线上的第二个点，将对象进行镜像操作，并删除原对象。

31

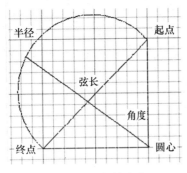

图 2-25 绘制圆弧

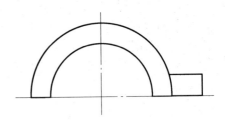

图 2-26 参考图

详细步骤如下：点击菜单修改，或在命令行提示下输入 MI↓ 进入镜像模式→镜像→选中对象(可以连续选择)→回车确认→指定第一点和第二点→确认是否删除原图→回车，完成如图 2-17 所示图形。

任务四：绘制如图 2-27 所示图形。

4 个圆半径为 25、50、20、40。CD 和 EF 之间的距离为 80mm。

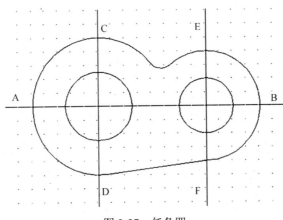

图 2-27 任务四

第1步：调用 A3.dwt 样板图。

第2步：先画构造线。首先用构造线命令绘制 AB、CD 两条构造线，再用偏移命令绘制距 CD 为 80mm 的 EF 构造线，如图 2-28 所示。

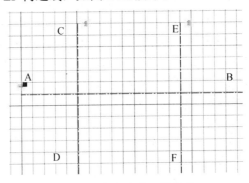

图 2-28 标识文字、构造线

【知识点：偏移】 该命令用来复制图形。

第 3 步： 用文字处理在图中书写 A、B、C、D、E、F 文字。

选择菜单栏中"绘图"→"文字"→"单行文字"，输入 A，然后利用"修改"→"复制"，在不同位置粘贴 6 个 A。单击 A，选择"修改"→"特性"→"内容"改为 B，类推完成 C、D、E、F 文字。

文字对象是 AutoCAD 图形中很重要的图形元素，是机械制图和工程制图中不可缺少的组成部分。在一个完整的图样中，通常都包含一些文字注释来标注图样中的一些非图形信息。例如，机械工程图形中的技术要求、装配说明，以及工程制图中的材料说明、施工要求等。

1）设定文字样式

包括设置样式名、设置字体和设置文字效果等。

【知识点】 在 AutoCAD 中，所有文字都有与之相关联的文字样式。在创建文字注释和尺寸标注时，AutoCAD 通常使用当前的文字样式。也可以根据具体要求重新设置文字样式或创建新的样式。文字样式包括"字体""字型""高度""宽度系数""倾斜角""反向""倒置"和"垂直"等参数。

【操作步骤】 选择菜单栏中的"格式"→"文字样式"命令或在命令行输入 style，如图 2-29 所示，打开"文字样式"对话框，如图 2-30 所示，在该对话框中，可以修改或创建文字样式，并设置文字的当前样式。

图 2-29　格式菜单

图 2-30　文字样式

【选项说明】 设置样式名：在"文字样式"对话框中，可以显示文字样式的名称、创建新的文字样式、为已有的文字样式重命名以及删除文字样式，如表 2-2 所列。

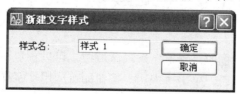

图 2-31　"新建文字样式"对话框

表 2-2　样式选项表

选项	简　　介
"样式"列表	列出了当前可以使用的文字样式，默认文字样式为 Standard(标准)。
"置为当前"按钮	单击该按钮，将选中的文字样式设置为当前文字样式。
"新建"按钮	单击该按钮，打开"新建文字样式"对话框，如图 2-31 所示，在该对话框的"样式名"文本框中输入新建文字样式，单击"确定"按钮，即可创建新的文字样式，新建文字样式将显示在"样式名"下拉列表中。 如果要重命名文字样式，可以在"文字样式"对话框的"样式"列表中，右击需要重命名的文字样式，在弹出的快捷菜单中，选择"重命名"即可，但 Standard(标准)样式不能重命名。
"删除"按钮	单击该按钮，删除所选择的文字样式，但无法删除正在使用的文字样式和默认的 Standard(标准)样式。

【选项说明】设置字体和大小："文字样式"对话框的"字体"选项区域用于设置文字样式使用的字体属性，如表 2-3 所列。

表 2-3　字体属性

选项	简　　介
"字体名"下拉列表框	选择字体
"字体样式"下拉列表框	选择字体格式，如斜体、粗体和常规字体等。
"使用大字体"复选框	用于选择大字体文件。
"大小"选项	设置文字样式使用的字高属性。
"高度"文本框	用于设置文字的高度。如果将文字的高度设置为 0，在使用 TEXT 命令标注文字时，命令行将提示"指定高度："，要求指定文字的高度。

按照国家标准的规定,图样中的拉丁字母和阿拉伯数字应采用 AutoCAD 提供的字体"gbeitc.shx(斜体)"和"gbenor.shx(正体)"，汉字应选用"仿宋_GB2312"。

根据国家标准的规定，字体高度应在 20、14、10、7、5、3.5、2.5 中选择。

【选项说明】设置文字效果：在"文字样式"对话框中的"效果"选项区域中，可以设置文字的显示效果，如图 2-32 所示。

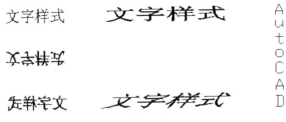

图 2-32　文字效果图

在"文字样式"对话框的"预览"选项区域中，可以预览所选择或所设置的文字样式效果。设置完文字样式后，单击"应用"按钮即可应用文字样式。然后单击"关闭"按钮，关闭"文字样式"对话框。

2) 创建与编辑单行文字

【知识点】　不需要多行文字的简短内容，如标题栏的汉字及图形上文字的标注，可用单行文字命令创建。在当前显示工具栏的任意图标上右击，在弹出的快捷菜单中选择"文字"命令，显示"文字"工具栏，如图2-33所示。

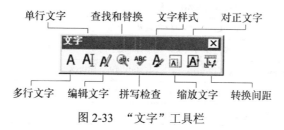

图2-33　"文字"工具栏

【操作步骤】　在AutoCAD2014中，功能区中使用"文字"工具栏可以创建和编辑文字。也可以选择菜单栏中的"绘图"→"文字"→"单行文字"命令，如图2-34所示，或单击"文字"工具栏中的"单行文字"图标按钮 **AI**，或在"功能区"选项板的"文字"选项区域中单击"单行文字"图标按钮 **AI**，都可以在图形中创建单行文字对象。可在命令行输入 Text 或 Dtext。

【选项说明】　当前文字样式："Standard"，文字高度：2.50000，注释性：否。

　　指定文字的起点或[对正(J)/样式(S)]：指定文字的起点：默认情况下，通过指定单行文字行基线的起点位置创建文字。AutoCAD 为文字行定义了顶线、中线、基线和底线4条线，用于确定文字行的位置，如图2-35所示。如果当前的字体高度设置为0(在"文字样式"对话框中设置的)，命令行将提示"指定高度："，要求指定文字的高度，否则不再提示指定高度。

图2-34　"文字"子命令

图2-35　文字标注参考线

　　指定文字的旋转角度<0>：要求指定文字的旋转角度，文字的旋转角度是指文字行排列方向与水平线的夹角，默认值为 0°，输入文字旋转角度，或按 Enter 键使用默认角度 0°，输入中、英文字即可。

　　设置对正方式：在"指定文字的起点或[对正(J)/样式(S)]："提示下输入 J，可以设置文字的排列方式，此时，命令行提示：输入选项[对齐(A)/调整(F)/中心(C)/中间(M)/右(R)/左上(TL)/中上(TC)/右上(TR)/左中(ML)/正中(MC)/右中(MR)/左下(BL)/中下(BC)/右下(BR)]：

　　在 AutoCAD 中，系统提供了多种对正方式，如图2-36所示。

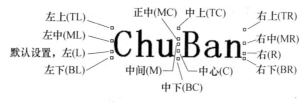

图2-36　文字的对正方式

对正方式选项说明如表 2-4 所列。

表 2-4　对正方式选项说明

选项	简　介
"对齐(A)"	确定所标注文字行基线的始点与终点位置
"调整(F)"	确定文字行基线的始点、终点位置以及字体的高度
"中心(C)"	要求确定一点,该点作为所标注文字行基线的中点,即所输入文字的基线将以该点居中对齐
"中间(M)"	要求确定一点,该点作为所标注文字行的中间点,即以该点作为文字行在水平、垂直方向上的中点
"右(R)"	要求确定一点,该点作为文字行基线的右端点
"左上(TL)"	表示以所确定点作为文字行顶线的始点
"中上(TC)"	表示以所确定点作为文字行顶线的中点
"右上(TR)"	表示以所确定点作为文字行顶线的终点
"左中(ML)"	表示以所确定点作为文字行中线的始点
"正中(MC)"	表示以所确定点作为文字行中线的中点
"右中(MR)"	表示以所确定点作为文字行中线的终点
"左下(BL)"	表示以所确定点作为文字行底线的始点
"中下(BC)"	表示以所确定点作为文字行底线的中点
"右下(BR)"	表示以所确定点作为文字行底线的终点

输入文字只有在 space 键或回车键按下时才会显示在绘图区,再次按下结束命令。

在实际绘图中,经常需要标注一些特殊的文字控制字符,如:在文字上方或下方添加划线、标注度数(°)、±、Φ 等符号,这些字符不能从键盘上直接输入,AutoCAD 提供了相应的控制符,可以实现这些标注。常用的控制符如表 2-5 所列。

表 2-5　AutoCAD 常用的文字控制符

控制符	功　能
%%O	打开或关闭文字上划线
%%U	打开或关闭文字下划线
%%D	标注度数(°)符号
%%P	标注正负公差(±)符号
%%C	标注直径(Φ)符号

在 AutoCAD 的控制符中,%%O 和 %%U 分别是上划线与下划线的开关,第 1 次出现该符号时,打开上划线或下划线,第 2 次出现该符号时,关闭上划线或下划线。

【练习 2-5】　创建图 2-37 所示的单行文字。

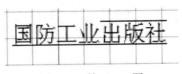

图 2-37　练习 2-5 图

(1) 选择菜单栏中的"格式"→"文字样式"命令，打开"文字样式"对话框，去掉"使用大字体"复选框，在"字体名"下拉列表框中选择"宋体"，在"高度"文本框中，输入 30，在"宽度因子"文本框中，输入 0.9，单击"置为当前"按钮，单击"关闭"按钮。

(2) 选择菜单栏中的"绘图"→"文字"→"单行文字"命令，命令行提示：

当前文字样式："Standard"文字高度：30.0000　注释性：否

指定文字的起点或[对正(J)/样式(S)]：光标在绘图窗口内适当位置拾取点

指定文字的旋转角度<0>：↓

(3) 输入文字：(切换到 Windows 的英文输入方式)输入%%U(切换到 Windows 的中文输入方式)国防(切换到 Windows 的英文输入方式)再输入%%U(切换到 Windows 的中文输入方式)工业(切换到 Windows 的英文输入方式)输入%%O(切换到 Windows 的中文输入方式)出版社↓↓

3) 知识扩展：创建与编辑多行文字

【知识点：多行文字】　"多行文字"是段落文字，是由两行以上的文字组成，而且每行文字是作为一个整体来处理的。

【操作步骤】　选择菜单栏中的"绘图"→"文字"→"多行文字"命令，如图 2-34，或单击"文字"工具栏中的"多行文字"图标按钮 **A**，或在"面板"选项板的"文字"选项区域中单击"多行文字"图标按钮 **A**，或在 AutoCAD 经典工作空间的"绘图"工具栏中单击 **A**"多行文字"图标按钮，都可以在图形中创建多行文字对象。此时，命令行提示：

命令：_mtext　当前文字样式："Standard"文字高度：30　注释性：否

指定第一角点：在绘图窗口内适当位置，光标拾取一点

指定对角点或[高度(H)/对正(J)/行距(L)/旋转(R)/样式(S)/宽度(W)/栏(C)]：在绘图窗口内适当位置，光标再拾取一点，打开"文字格式"工具栏和文字输入窗口，该工具栏可以设置多行文字的样式、字体和大小等属性，如图 2-38 所示。

图 2-38　创建多行文字的"文字格式"工具栏和文字输入窗口

【练习 2-6】　创建多行文字(图 2-39 所示的技术要求)。

(1) 选择菜单栏中的"格式"→"文字样式"命令，打开"文字样式"对话框，去掉"使用大字体"复选框，在"字体名"下拉列表框中选择"宋体"，在"高度"文本框中，输入 30，在"宽度因子"文本框中，输入 0.9，单击"置为当前"按钮，单击"关闭"按钮。

(2) 选择菜单栏中的"绘图"→"文字"→"多行文字"命令，或单击"多行文字"图标按钮 **A**，命令行提示：

技术要求

1.Φ50孔发蓝处理
2.未注倒角1×45°
3.未注圆角R2

图 2-39　技术要求

命令：_mtext　当前文字样式："Standard"文字高度：30　注释性：否
指定第一角点：在绘图窗口内适当位置，光标拾取一点
指定对角点或[高度(H)/对正(J)/行距(L)/旋转(R)/样式(S)/宽度(W)/栏(C)]：在绘图窗口内适当位置，光标再拾取一点，打开"文字格式"工具栏和文字输入窗口，在文字输入窗口内输入图 2-40 所示的多行文字内容。

图 2-40　在文字输入窗口内输入多行文字

(3) 单击"文字格式"工具栏中的"确定"按钮，输入的文字将显示在绘制的矩形窗口内。

第 4 步：画 5 个圆。图中圆弧较多，先画构造线，再修剪。

前 4 个圆半径为 25、50、20、40，相切圆应选 T(相切、相切、半径)选项，在前面两个圆周上各指定一点，再输入 10，回车结束，如图 2-41 所示。

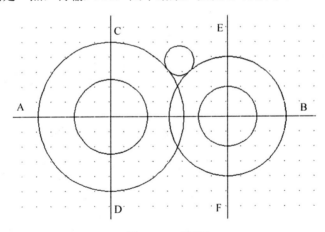

图 2-41　五圆图

第 5 步：画切线。除需要把除捕捉切点打开之外，其余均应关闭。

工具栏中点击"直线"工具，再点对象捕捉工具中的⟳，移动光标至圆下方圆周上指定一点，再单击⟳，在另一圆周上选一点，回车结束，画成如图 2-42 所示图形。

第 6 步：修剪。

单击 ⊹ 修剪 命令。

选择对象：全选共 4 个圆，回车。要保证相切。

选择投影(P)、UCS(U)，边无，回车。

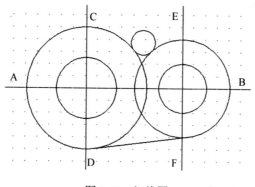

图 2-42 切线图

选择要修剪掉部分。

第 7 步：完成如图 2-43 所示，保存。

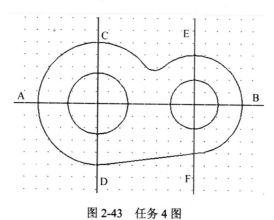

图 2-43 任务 4 图

四、思考与练习

(1) 建立新图形，要求完成图 2-44 所示。

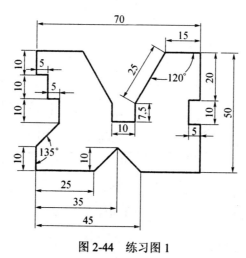

图 2-44 练习图 1

(2) 绘制如图 2-45 所示矩形，要求外层矩形长为 150mm，宽为 100mm，线宽为 2mm，圆角半径为 10mm，内层矩形面积为 2400mm^2，宽为 30mm，线宽为 0.5mm，第一倒角距离为 6mm，第 2 倒角距离为 4mm。

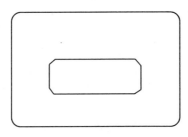

图 2-45　练习图 2

(3) 使用实验一创建的样板图，要求完成图 2-46 所示图形。中心线采用线型 Center，要求外轮廓直线与圆弧部分相切，中间大圆与外轮廓线相切，轮廓线宽为 0.6。可利用栅格及捕捉功能辅助绘图。

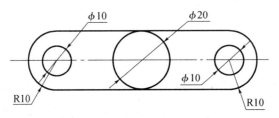

图 2-46　上机练习图 3

(4) 在样板文件上绘制图 2-47 所示图形，文件名为图名，不标注尺寸。

(先画矩形再画圆，然后进行剪切，完成图 2-47 所示图形，再实现对圆弧 1 和圆弧 4 进行定数等分：等分数目为 4，对圆弧 2 和圆弧 3 进行定距等分：等分长度为 105，对矩形进行定距等分，等分长度为 335。)

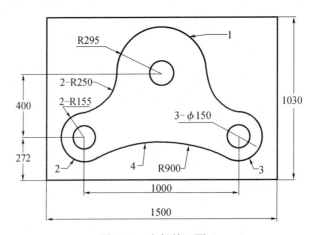

图 2-47　上机练习图 4

实验三　图层(线型、颜色)的设置和使用

导读：绘制图形之前，应先选择合适的图纸，并设置图层。图层是将一幅图切成若干个透明部分，每一部分上集合全部类型相似的对象，在绘图过程中，用户可以通过设置图层来方便修改图形，可以方便地控制图形对象的显示和编辑，提高绘图的效率和准确性。例如，可以将文字、标注和标题栏放于不同图层上，需要修改时只对某一层进行改变，而其他部分不会改变，再将各层叠加到一起构成所需图。一个复杂的图形中，有许多不同类型的图形对象，为了方便管理，可以创建多个图层，将特性相似的图形对象绘制在同一个图层上，使图形的各种信息清晰有序，而且给图形的编辑、修改和输出提供方便。

一、实验目的

(1) 学习图层的建立、设置当前层及线型的装入、颜色、层名的设定，以及对象特性在设计数据表达中的作用；

(2) 使用样板图(*.dwt)文件，绘制标题栏、边框线和图幅线；

(3) 通过绘制标题栏，学习矩形、多行文字等基本绘图命令；

(4) 继续练习编辑命令拉伸、缩放、对象捕捉和跟踪等方法的设定及应用；

(5) 掌握插入块命令。

二、预习思考题

(1) 图层有何作用？

(2) 图层有哪些特性？

(3) 机械工程 CAD 制图规则 GB/T 14665—1998 中如何规定线型和颜色？

(4) 国际规定基本幅面的尺寸为多少？

(5) 锁定一个图层后，该图层上实体是否可见？能否对该层上的实体进行编辑。

三、实验内容及步骤

任务一：建立新图形，设置如下图层，绘制如图 3-1 所示的简化标题栏。

(1) 采用十进制长度单位，精度为小数点后四位；采用十进制角度单位，精度为小数点后两位。

(2) 设置图形极限：A2(594×420)，左下角为(0，0)，将显示范围设置得和图形极限相同。

41

(3) 建立新图层 01，命名为：标题栏边框图层，线型 Continuous，层色为紫色，线宽为 0.7；建立新图层 02，命名为：内部分割线图层，线型 Continuous，层色为红色，线宽为 0.6；建立新图层 11，命名为：文字图层，线型 Continuous，层色为蓝色，线宽为 0.7。

(4) 定义文字样式 FS，依据的字体为仿宋，宽度系数为 0.8，其余参数使用缺省值。

(5) 在 11 层填写文字，采用字型 FS，以下各单元格中文字中对齐："大连理工大学城市学院"和"齿轮"字高为 5，其余字高为 3.5。

将完成图形保存到作者子目录，并保存成样板。

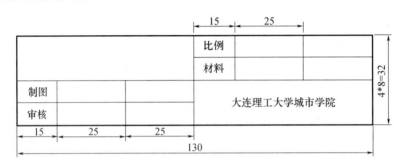

图 3-1　任务一

第 1 步：设置 A2 绘图界限 592×420，保存成样板文件。

【操作步骤】　命令：Limits↓

　　　　　　　0，0↓(重新设置模型空间界限)

　　　　　　　592，420↓

　　　　　　　Zoom↓(满屏释放)

　　　　　　　A↓(显示全图)

单击下拉菜单"文件"→"另存为"，在文件类型中选择*.dwt。(保存文件成 A3.dwt，供下次使用)。

第 2 步：设置图层、颜色、线型，如图 3-2 所示。

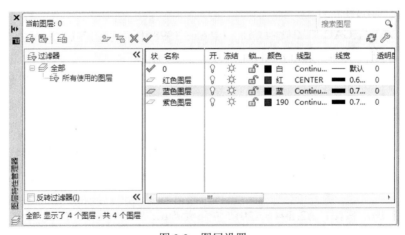

图 3-2　图层设置

建立新图层 01，命名为：紫色图层，线型 Continuous，层色为紫色，线宽为 0.7；建立新图层 02，命名为：红色图层，线型 Continuous，层色为红色，线宽为 0.6；建立新图层 11，命名为：蓝色图层，线型 Continuous，层色为蓝色，线宽为 0.7。

【知识点】 在 AutoCAD 中，用户可以通过图层来管理图形。所有的图形对象都具有图层、颜色、线型和线宽 4 个基本属性。图层特点如表 3-1 所列。

表 3-1 图层特点

图层特点	一个图形文件中，可以有任意数量的图层，每一个图层上的对象数量没有任何限制。
	每一个图层有一个名称。当新建一个文件时，AutoCAD 自动创建 0 图层，这是默认图层，不能被删除或重命名，其余图层需要自定义。
	一般情况下，同一图层上的图形对象具有相同的线型、颜色。各图层上的线型、颜色等基本属性可以改变。
	AutoCAD 允许建立多个图层，但只能在当前图层上绘图。
	各图层具有相同的坐标系、绘图界限、显示缩放倍数，可以对不同图层上的图形对象同时进行编辑操作。
	可以对各图层进行打开、关闭、冻结、解冻、锁定、解锁等操作，以决定各图层的可见性和可操作性。

1. 创建新图层

【操作步骤】 选择菜单栏中的"格式"→"图层"命令，打开"图层特性管理器"对话框，如图 3-3 所示。单击该对话框中的"新建图层"图标按钮，在图层列表框中出现一个 "图层 1"的新图层。默认情况下，新建图层与当前图层的状态、颜色、线型、线宽等设置相同。单击"新建图层"图标按钮，也可以创建一个新图层，只是该图层在所有的视口中都被冻结。

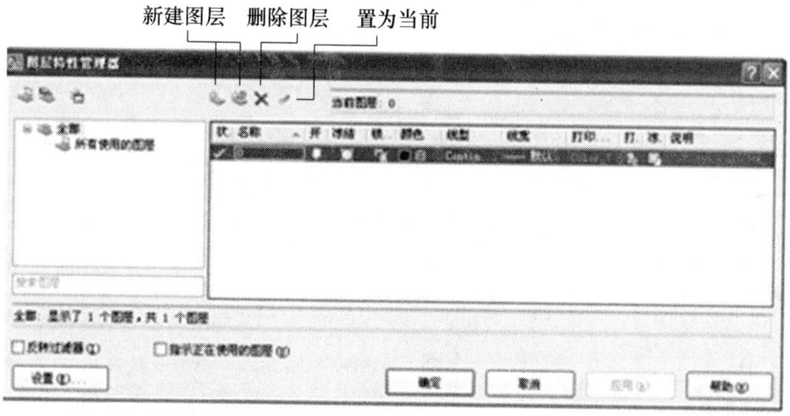

图 3-3 "图层特性管理器"对话框

创建新图层后，默认的图层名称显示在图层列表框中，如果需要更改图层名称，可以单击该图层名称，然后，输入一个新的图层名称并按 Enter 键确认。

2. 设置图层颜色

建立图层后，需要改变图层的颜色，可以在"图层特性管理器"对话框中，单击图层"颜色"列对应的图标，打开"选择颜色"对话框，如图 3-4 所示。在该对话框中，可以使用"索引颜色""真彩色"和"配色系统"3 个选项卡为图层设置颜色。

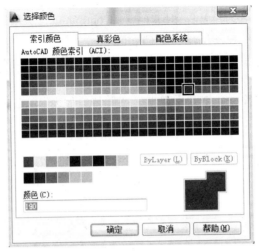

图 3-4　"选择颜色"对话框

"索引颜色"选项卡：实际上是一张包含 256 种颜色的颜色表。

"真彩色"选项卡：使用 24 位颜色定义显示 16M 色。

"配色系统"选项卡：使用标准 Pantone 配色系统设置图层的颜色。

3．设置图层线宽

【操作步骤】　在"图层特性管理器"对话框的"线宽"列中，单击该图层对应的线宽"——默认"，打开"线宽"对话框，有 20 多种线宽可供选择，如图 3-5 所示。也可以选择菜单栏中的"格式"→"线宽"命令，打开"线宽设置"对话框，通过调整线宽比例，改变图形中的线宽，如图 3-6 所示。

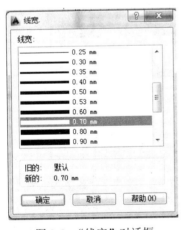

图 3-5　"线宽"对话框

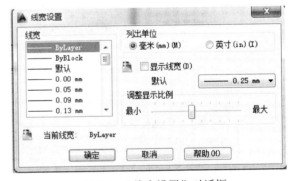

图 3-6　"线宽设置"对话框

在"线宽设置"对话框的"线宽"列表框中选择需要的线宽后，还可以设置其单位和显示比例等参数。

4．使用与设置图层线型

在 AutoCAD 中，线型是指图形基本元素中线条的组成和显示方式，有简单线型，也有由一些特殊符号组成的复杂线型，以满足不同国家或行业标准的使用要求。

默认的情况下，在"图层特性管理器"对话框中，图层的线型为 Continuous，需要改变线型时，可以在图层列表框中，单击"线型"列的 Continuous，打开"选择线型"对话框，如图 3-7 所示，在"已加载的线型"列表框中选择 一种线型，将其应用到图层中。如果需要其他线型，可以单击该对话框中的"加载"按钮，打开"加载或重载线型"对话框，如图 3-8 所示，从"可用线型"列表框中选择需要加载的线型。

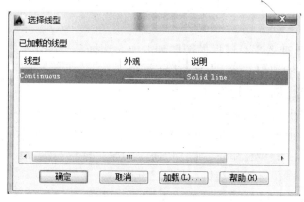

图 3-7 "选择线型"对话框

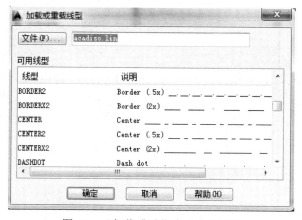

图 3-8 "加载或重载线型"对话框

【练习 3-1】 创建图层练习，完成要求。

(1) 选择菜单栏中的"格式"→"图层"命令，或单击"AutoCAD 经典"工作界面工具栏中的"图层特性管理器"图标按钮，打开"图层特性管理器"对话框。

(2) 单击该对话框中的"新建图层"图标按钮，创建一个新图层，在"名称"列对应的文本框中输入"点画线"。

(3) 单击该对话框中"颜色"列的图标"■白"，打开"选择颜色"对话框，在标准颜色区域中选择"红"色，单击"确定"按钮。

(4) 单击该对话框中"线型"列的"Continuous"，打开"选择线型"对话框，单击对话框中的"加载"按钮，打开"加载或重载线型"对话框，在"可用线型"列表框中选择线型"CENTER"，然后单击"确定"按钮。

(5) 在"选择线型"对话框的"已加载的线型"列表框中选择"CENTER"，然后单击"确定"按钮。

(6) 在"图层特性管理器"对话框中,单击"线宽"列的"——默认",打开"线宽"对话框,在"线宽"列表框中选择0.18毫米,单击"确定"按钮。

(7) 完成设置,单击"图层特性管理器"对话框中的"确定"按钮。

第3步:将紫色图层作为当前层,在紫色图层绘制标题栏,粗线条宽度为0.7,简单标注尺寸。

(1) 设置当前层。

在"图层特性管理器"对话框的图层列表中,选择某一图层后,单击"置为当前"图标按钮 ✔,即可将该图层设置为当前层。

(2) 用矩形工具绘图幅的边框。

单击绘图工具栏上画矩形图标,输入坐标0,0,指定另一个角点(420,297),线宽0.7。

单击绘图工具栏上画矩形图标,输入A点坐标(25,5)(绝对坐标法),指定另一个角B点(415,292)(相对坐标法);或在命令行输入快捷键"rec"回车,输入选项线宽0.7,回车。

(3) 用矩形工具画出标题栏边框,如图3-9所示。

单击绘图工具栏上画矩形图标,输入C点坐标(285,5)(绝对坐标法),指定另一个角D点@130,32(相对坐标法),回车。

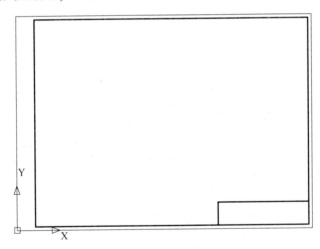

图3-9 标题栏边框图

(4) 用直线(line)命令画中间线。用鼠标单击直线图标,利用捕捉中点,同时点正交,完成中点画线,用鼠标捕捉图3-10中的1点、2点,3点,4点,回车结束。

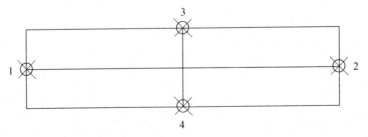

图3-10 1点、2点,3点,4点示意图

46

(5) 用偏移命令作竖直线 B、C、D、E，如图 3-11 所示。

执行修改→偏移→输入偏移距离 15→回车命令，得 A 线，用鼠标在直线 A 侧单击得 B 线，再次执行偏移命令，输入偏移距离 25 得 C，选中 A 左侧单击得 E，再选 E 左侧单击得 F，如图 3-11 所示。

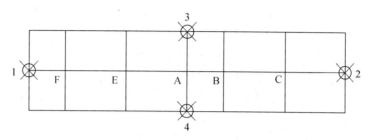

图 3-11　偏移命令作竖直线 B、C、E、F 示意图

(6) 用偏移命令作横直线 1、2、3，偏移距离 8，如图 3-12 所示。

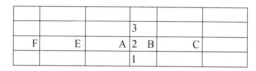

图 3-12　偏移命令作横直线 1、2、3 示意图

(7) 用修剪命令修剪直线 3，如图 3-13 所示。

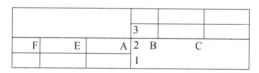

图 3-13　修剪命令修剪直线 3 示意图

第 4 步：设置标题栏中的文字项目。定义文字样式 FS，依据的字体为仿宋，宽度系数为 0.8，其余参数使用默认值。

输入 ST 或格式→文字样式，在弹出的"文字样式"对话框中，新建样式 FS，在"字体名"下拉列表中选择"T 仿宋_GB2312"，在"宽度因子"文本框中设置 0.8，单击"应用"按钮并"关闭"。

第 5 步：填写标题栏中的文字项目，可参照实验一相关内容。转到红色图层，用 TEXT 命令写文字，为了使文字在表格中正中对齐，可以在某一格中绘制辅助对角线，写文字时，对正方式选"正中"，并捕捉对角线的交点，将写好的文字复制到其他位置，单击文字修改相应的内容。

第 6 步：【扩展知识点：制作标题栏块】

块就是将一些常用的对象定义为一个整体，当需要的时候可以直接像对待基本图形元素那样进行插入操作，插入位置由用户直接选择，可以节省绘图时间、提高效率。

(1) 定义标题栏块。选择绘图→块→创建，也可直接在命令行输入 block，根据选定对象创建定义块。

在名称文本框中输入标题栏，单击选择对象按钮，选中刚才绘制的标题栏，单击拾取点图标按钮，确定标题栏块的基点(即右下角)，确定即可。

(2) 制定标题栏块。上步定义了标题栏块，这一步将标题栏块定义成一个文件块(新图形文件)，可任意调用。

在命令行直接输入 wblock，将块对象写入新图形文件。AutoCAD 将弹出写块对话框。选中块，选择标题栏块，输入文件名标题栏，选择保存位置，点确定，此时产生一个文件名为标题栏.dwg 的图形文件。也可以将其保存为模板文件。

任务二：在 A3 样板文件上，绘制图幅线、边框线和标题栏。

第 1 步：建一张如图 3-14 所示的新图，设置 A3 绘图界限 420×297，保存成样板文件。

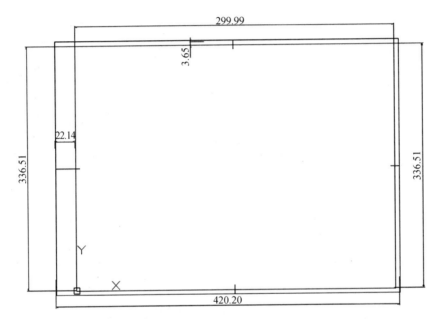

图 3-14　上机任务二

【操作步骤】　　命令：Limits↓
　　　　　　　　0，0↓(重新设置模型空间界限)
　　　　　　　　420，297↓
　　　　　　　　Zoom↓(满屏释放)
　　　　　　　　A↓(显示全图)

单击下拉菜单"文件"→"另存为"，在文件类型中选择*.dwt。(保存文件成 A3.dwt，供下次使用)。

第 2 步：设置图层、颜色、线型。

建 5 个图层：标题栏，红色，粗实线；

角线，蓝色，粗实线；

内框线、层，蓝色，细实线；

外框线，白色，粗实线。

第 3 步：画 A3 图幅。

1．绘制外框线

(1) 设置当前层：在"图层特性管理器"对话框的图层列表中，选择外框线图层后，单击"置为当前"图标按钮 ✅，即可将该图层设置为当前层。

(2) 用矩形工具画图纸边界线：单击绘图工具栏上画矩形图标，输入左下角点的绝对坐标(-25，-5)，回车；输入右上角点@420，297，回车。

2．绘制内框线

设内框线为当前层，用矩形工具 ⬜ 画 390mm×287mm 矩形作为图纸内框线。

两个对角点坐标为(0，0)、(390，287)，保有装订边的图框，内外边框之间左边为 25mm，上下左右均为 5mm。

单击绘图工具栏上画矩形图标，左下角点坐标(0，0)(绝对坐标法)，指定另一个角点(390，287)(绝对坐标法)。

3．绘制对中符号

将内框线设置为当前层。使用直线命令，绘制 4 个对中符号。右、上、下三条直线长 10mm，左边直线长 30mm，4 条直线都伸入内框线 5mm。

第 1 条线：直线命令→(-25，143.5)回车→@30，0 回车

第 2 条线：直线命令→(385，143.5)回车→@10，0 回车

第 3 条线：直线命令→(195，282)回车→@0，10 回车

第 4 条线：直线命令→(195，-5)回车→@0，10 回车

完成如图 3-15 所示图形。

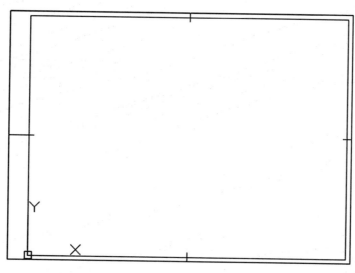

图 3-15　边框线图

第 4 步：绘制标题栏。

标题栏位于制图空间右下角，包括两个方面：边框的绘制和文字填写。因此需新建标题栏边框和文字图层。绘制标题栏可以用直线命令和多段线工具。对于相互平行的线可以使用偏移命令。

【小提示】由于当前显示的窗口大小是整个绘图区，而绘制标题栏在右下角，因此可以选择部分缩放。

(1) 插入已有标题栏。

利用插入块命令。在对话框中单击"浏览"按钮，弹出对话框，选取正确路径，找到已绘制好的标准标题栏(可选用任务一做好的标题栏)；打开对象捕捉，找到插入点，保存文件即可。

(2) 扩展提高：画标题栏。

① 新建标题栏边框和文字图层。

② 用直线(line)画标题栏内其他线。

左边框：line→210，0 回车→@0，56 回车

上边框：line→210，56 回车→@180，0 回车

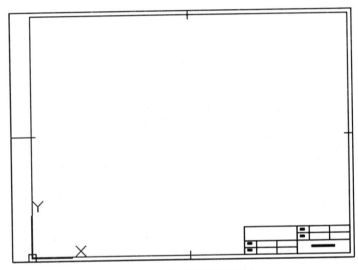

图 3-16　绘边框线及标题栏

(3) 定义文字样式 FS，依据的字体为仿宋，宽度系数为 0.8，其余参数使用默认值。

输入 ST 或格式→文字样式，在弹出的"文字样式"对话框中，新建样式 FS，在"字体名"下拉列表中选择"T 仿宋_GB2312"，在"宽度因子"文本框中设置 0.8，单击"应用"按钮并"关闭"。

① 转到红色图层，用 TEXT 命令写文字，为了准确标注文字的位置，使文字在表格中正中对齐，可在某一格中绘制辅助对角线，写文字时，对正方式选"正中"，并捕捉对角线的交点，将写好的文字复制到其他位置，单击文字修改相应的内容。

② 写好一个格中的文字，利用复制到其他方格中，通过文字对话框进行编辑修改，或点特性选项板更精确地修改文字属性。

任务三：创建图层完成后，需要对其进行管理，包括图层的切换、重命名、删除以及图层的显示控制等。

1. 设置修改图层属性

利用"图层特性管理器"，如图 3-17 所示，完成每个图层都包含的状态、名称、

50

打开/关闭、冻结/解冻、锁定/解锁、线型、颜色、线宽和打印样式等操作，详细说明如表 3-2 所列。

图 3-17　图层特性

表 3-2　图层管理工具说明

选项	说　　明
状态	显示图层和过滤器的状态
名称	图层的名字，是图层的唯一标识。默认的情况下，图层的名称按图层 0、图层 1、图层 2 ……的编号依次递增，可以根据需要为图层输入一个能够表达用途的名称，如图 3-6 所示。
开关状态	单击"开"列对应的小灯泡 图标，可以打开或关闭图层。在"开"状态下，图层上的图形对象可以显示，也可以打印输出；在"关"状态下，图层上的图形对象不能显示，也不能打印输出。
冻结	单击"冻结"列对应的太阳 或雪花 图标，可以冻结或解冻图层。图层被冻结时，图形对象不能显示、打印输出和编辑修改；图层被解冻时，图形对象能够被显示、打印输出和编辑修改。
锁定	单击"锁定"列对应的小锁 或关闭 图标，可以锁定或解锁图层。图层在锁定状态下，不能对已有的图形对象进行编辑，但可以绘制新的图形对象，而且，不影响图形对象的显示，还可以使用查询命令和对象捕捉功能。
颜色	单击"颜色"列对应的图标，打开"选择颜色"对话框，选择图层颜色。
线型	单击"线型"列显示的线型名称，打开"选择线型"对话框，选择需要的线型。
线宽	单击"线宽"列显示的线宽值，打开"线宽"对话框，选择需要的线宽。
打印样式	"打印样式"列确定各图层的打印样式，彩色绘图仪不能改变打印样式。
打印	单击"打印"列对应的打印机图标，可以设置图层是否能够被打印。
说明	单击"说明"列两次，可以为图层或组过滤器添加必要的说明信息。

练习使用图层管理工具可以更加方便地管理图层。

(1) 选择菜单栏中的"格式"→"图层工具"命令中的子命令，就可以使用图层工具来管理图层。

(2) 保存图层。要保存图层状态，可以在"图层特性管理器"对话框的图层列表中，右击需要保存的图层，在弹出的快捷菜单中，选择"保存图层状态"命令，如图 3-18 所示。还可实现"恢复图层状态"命令、保存图层状态、新建图层、修改图层、重命名图层、修改说明等功能。

图 3-18　图层快捷菜单

打开"要保存的新图层状态"对话框，在"新图层状态名"文本框中输入图层状态的名称，在"说明"文本框中输入相关的文字说明，单击"确定"按钮。

(3) 用"图层转换器"可以转换图层，实现图形的标准化和规范化。

选择菜单栏中的"工具"→"CAD 标准"→"图层转换器"命令，打开"图层转换器"对话框。

2．使用"图层过滤器特性"对话框过滤图层

过滤如图 3-19 所示的"图层过滤器特性"对话框中显示的所有图层，创建一个图层过滤器 Filter1，要求被过滤的图层颜色为"白色"。

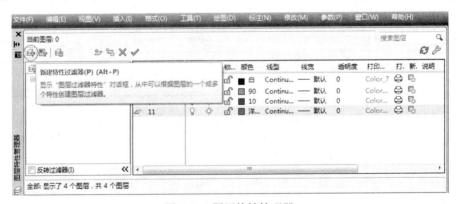

图 3-19　图层特性管理器

(1) 选择菜单栏中的"格式"→"图层"命令，打开"图层特性管理器"对话框。图形中包含很多图层时，在"图层特性管理器"对话框中单击"新特性过滤器"图标按钮 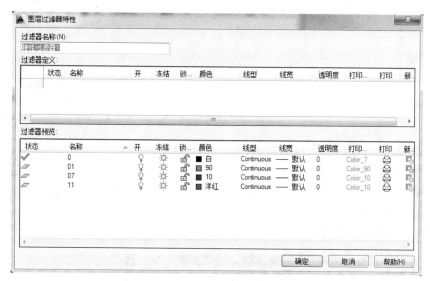，打开"图层过滤器特性"对话框来命名图层过滤器，如图 3-20 所示。

图 3-20　"图层过滤器特性"对话框

(2) 在"过滤器名称"文本框中输入过滤器名称为：Filter1。

(3) 在"过滤器定义"列表框中，单击"颜色"列空白行，出现 🔲 图标，单击该图标，打开"选择颜色"对话框，在"颜色"文本框中输入"白"，单击"确定"，如图 3-21 所示。

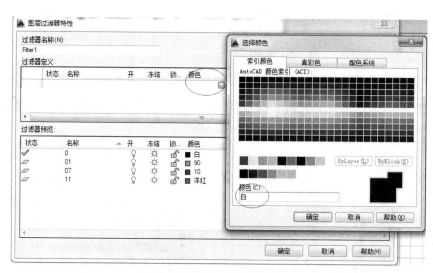

图 3-21　设置过滤条件

(4) 单击"图层过滤器特性"对话框中的"确定"按钮，在"图层特性管理器"对话框的左侧过滤器树列表中，显示 Filter1 选项，选择该选项，在该对话框右侧的图层列表中显示该过滤器对应的图层信息，如图 3-22 所示。

图 3-22　过滤后的图层

3．使用"新组过滤器"过滤图层

在"图层特性管理器"对话框中，单击"新组过滤器"图标按钮 ，对话框左侧过滤器树列表中自动添加一个"组过滤器 1"(也可以根据需要重命名组过滤器)。在过滤器树列表中，单击"所有使用的图层"节点或其他过滤器，显示对应的图层信息，将需要分组过滤的图层拖动到创建的"组过滤器 1"上即可，如图 3-23 所示。

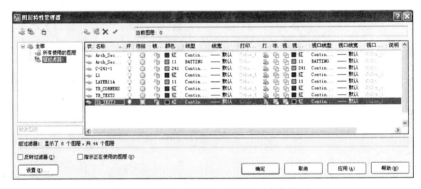

图 3-23　使用"新组过滤器"过滤图层

4．改变对象所在图层

在实际绘图过程中，如果绘制完某一图形后，发现该图形对象并没有绘制在预先设置的图层上，可以选中该图形对象，在"面板"选项板的"图层"选项区域的"应用的过滤器"下拉列表框中选择预设的图层名，即可改变图形对象所在的图层，如图 3-24 所示。

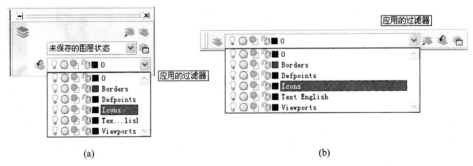

(a)　　　　　　　　　　　　　　　　(b)

图 3-24　"应用的过滤器"下拉列表

(a)"二维草绘与注释"工作空间；(b)"AutoCAD 经典"工作空间。

54

任务四：设置绘图环境、建立符合标准的系列图层，用表格命令绘制一个标题栏，如图 3-25 所示。利用 Ttext 标注文字。常用图层、线宽设计按表 3-3、表 3-4 自行选择。

器件明细表			
设计		材料	
制图		数量	
审核		重量	
日期		比例	

图 3-25　任务四

常用图层设置如表 3-3 所列。

表 3-3　图层设置

线型	颜色	线型	颜色
粗实线	绿色	虚线	黄色
细实线	白色	细点画线	红色
波浪线	白色	粗点画线	棕色
双折线	白色	双点画线	粉红色

常用线宽如表 3-4 所列。

表 3-4　常用线宽

组别	1	2	3	4	5	一般用途
线宽/mm	2.0	1.4	1.0	0.7	0.5	粗实线、粗点画线
	1.0	0.7	0.5	0.35	0.25	细实线、波浪线、双折线、虚线、细点画线、双点画线

按徒手绘图的步骤抄绘齿轮视图(不标注尺寸)：

(1) 选中心线层、布图、定位；

(2) 选粗实线层，用偏移命令确定轮廓尺寸，用圆命令画精实线圆，用直线命令、打开对象捕捉绘制视图，用修剪命令修剪视图，删除辅助线；

(3) 选虚线层，绘制主视图中的虚线。

【知识点】　利用表格命令绘制标题栏，在 AutoCAD2014 中，可以使用创建表格命令创建表格，还可以从 Microsoft Excel 中复制表格，并将其作为 AutoCAD 表格对象粘贴到图形中，也可以从外部直接导入表格对象，此外，还可以输出来自 AutoCAD 的表格数据，以供在 Microsoft Excel 或其他应用程序中使用。

第 1 步：打开前面保存的样板图文件 A0～A4 图纸，设置图层、文字样式，汉字用仿宋体。

第 2 步：设置表格样式。

1．新建表格样式

表格样式控制一个表格的外观，用于保证标准的字体、颜色、文本、高度和行距。可以使用默认的表格样式，也可以根据需要自定义表格样式。选择菜单栏中的"格式"→"表格样式"命令，如图 3-26 所示，打开"表格样式"对话框，在该对话框中，单击"新建"按钮，打开"创建新的表格样式"对话框，如图 3-27 所示。

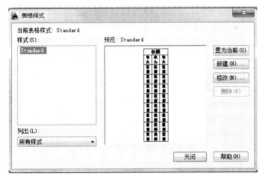 

图 3-26　"表格样式"对话框　　　　图 3-27　"创建新的表格样式"对话框

在该对话框的"新样式名"文本框中输入新的表格样式名，在"基础样式"下拉列表中选择默认的表格样式、标准的或任何已经创建的样式，新样式将在该样式的基础上进行修改。单击"继续"按钮，打开"新建表格样式"对话框，如图 3-28 所示，可以通过它指定表格的行格式、表格方向、边框特性和文本样式等内容。

图 3-28　"新建表格样式"对话框

2．设置表格的数据、列标题和标题样式

在"新建表格样式"对话框中，可以在"单元样式"选项区域的下拉列表框中选择"数据""标题"和"表头"选项来分别设置表格的数据、标题和表头对应的样式。

在"新建表格样式"对话框中，有 3 个选项的内容基本相似，可以分别指定单元基本特性、文字特性和边界特性，如图 3-28 所示。

"常规"选项卡：设置表格的填充颜色、对齐方向、格式、类型和页边距等特性。

"文字"选项卡：设置表格单元中的文字样式、高度、颜色和角度等特性。

"边框"选项卡：单击边框设置按钮，可以设置表格的边框是否存在。当表格具有边框时，还可以设置表格的线宽、线型、颜色和间距等特性。

3．管理表格样式

在 AutoCAD 2014 中，还可以使用"表格样式"对话框来管理图形中的表格样式。在该对话框的"当前表格样式"后面，显示当前使用的表格样式(默认为 Standard)；在"样式"列表中显示了当前图形所包含的表格样式；在"预览"窗口中显示了选中表格的样式；在"列出"下拉列表中，可以选择"样式"列表是显示图形中的所有样式，还是正在使用的样式。

此外，在"表格样式"对话框中，还可以单击"置为当前"按钮，将选中的表格样式设置为当前；单击"修改"按钮，在打开的"修改表格样式"对话框中，修改选中的表格样式；单击"删除"按钮，删除选中的表格样式。

【练习 3-2】 单击该对话框中的"修改"按钮，打开"修改表格样式"对话框，在"单元样式"选项区域的下拉列表框中选择"标题"，对齐方式为正中，文字高度为 30；在"单元样式"选项区域的下拉列表框中选择"表头"，对齐方式为正中，文字高度为 20；在"单元样式"选项区域的下拉列表框中选择"数据"，对齐方式为正中，文字高度为 20。单击"确定"按钮和"关闭"按钮，关闭"修改表格样式"和"表格样式"对话框。

4．创建任务四要求表格

【操作步骤】 (1)选择菜单栏中的"绘图"→"表格"命令，或在"面板"选项板的"表格"选项区域中(或在 AutoCAD 经典工作空间的"绘图"工具栏中)单击"表格"图标按钮 ，打开"插入表格"对话框，如图 3-29 所示。

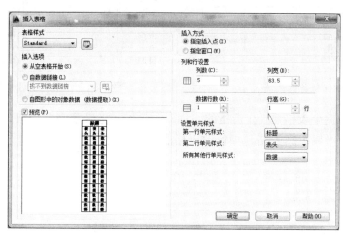

图 3-29 "插入表格"对话框

(2) 在"表格样式"选项区域中，单击"表格样式"下拉列表框后的图标按钮，可以从"表格样式"下拉列表框中选择表格样式，打开"表格样式"对话框，在"样式"列表中选择与任务四样式一致的表格，即表格样式为标准默认"Standard"。

(3) 对标准表格样式进行修改。

(4) 在"插入选项"选项区域中，选择"从空表格开始"单选按钮，可以创建一个空的表格；选择"自数据链接"单选按钮，可以从外部导入数据来创建表格；选择"自图形中的对象数据(数据提取)"单选按钮，可以用于从可输出到表格或外部文件的图形中提取数据来创建表格。

(5) 在该对话框的"插入方式"选项区域中，选择"指定插入点"单选按钮，可以在绘图窗口中的某点插入固定大小的表格(也可以选择"指定窗口"单选按钮，可以在绘图窗口中通过拖动表格边框来创建任意大小的表格)。

(6) 在"列和行设置"选项区域中，可以通过改变"列""列宽""数据行"和"行高"文本框中的数值来调整表格的外观大小。在"列和行设置"选项区域中，分别设置"列"为 5、"数据行"为 2、"列宽"为 300 和"行高"为 3，单击"确定"按钮，在绘图窗口内，移动光标到适当位置，单击即可绘制出一个表格，此时，表格的最上面一行处于文字编辑状态，在"文字格式"工具栏的"字体"下拉列表中，选择字体为"黑体"，也可以重新设置文字高度，如图 3-29 所示。

(7) 在表单元中输入文字"器件明细表"。单击其他表单元，使用同样的方法输入文字内容，或按键盘上的"→""↑""↓""←"实现在不同单元格内输入文字。在文字输入过程中，还可以选择"文字格式"工具栏中的 [A]▼(多行文字对正方式)，使文字"正中"。在"文字格式"工具栏的"字体"下拉列表中，选择字体为"宋体"，同样，也可以重新设置文字高度。

【扩展内容】利用图 3-30 所示，任务四编辑表格及表格单元实现如图 3-31 所示。

图 3-30 任务四所需表   图 3-31 扩展任务四所需表格

选中任务四整个表格后，在表格的四周、标题行上将显示许多夹点，如图 3-32 所示，拖动这些夹点，可以编辑表格，如修改表格的高度、宽度等。

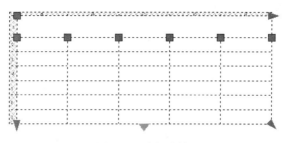

图 3-32 编辑表格

在 AutoCAD 2014 中，还可以使用表格的快捷菜单来编辑表格。当选中整个表格与选中表格单元后，单击鼠标右键，弹出其快捷菜单如图 3-33 所示，可以实现插入列/行、删除列/行、合并相邻单元格或进行其他修改。快捷菜单中主要命令选项的功能介绍如表 3-5 所列。

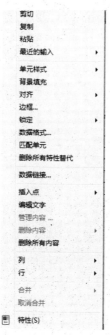

剪切
复制
粘贴
最近的输入　　　▶

单元样式　　　　▶
背景填充
对齐　　　　　　▶
边框...
锁定　　　　　　▶
数据格式
匹配单元
删除所有特性替代

数据链接...

插入点　　　　　▶
编辑文字
管理内容 ...
删除内容　　　　▶
删除所有内容

列　　　　　　　▶
行　　　　　　　▶

合并　　　　　　▶
取消合并

特性(S)

图 3-33　快捷菜单

表 3-5　快捷菜单主要命令选项功能介绍

选项	功　　能
对齐	在该命令的子命令中，可以选择表格单元的对齐方式，如：左上、左中、正中等。
边框	选择该命令，打开"单元边框特性"对话框，可以设置单元格边框的线宽、颜色等特性。
匹配单元	使用当前选中的表格单元格式(源对象)匹配其他表格单元(目标对象)，此时，鼠标指针变成刷子形状，单击目标对象即可进行匹配。
插入点	选择该命令的子命令，可以从中选择插入到表格中的块、字段和公式。选择"块"命令时，打开"在表格单元中插入块"对话框，可以设置插入块在表格单元中的对齐方式、比例和旋转角度等特性。
合并	选中多个连续的表格单元后，使用该命令的子命令，可以全部、按列或按行合并表格单元。

【操作步骤】两张表格区别在于第一行。

(1) 单击表格第一行，将显示许多夹点。

(2) 单击鼠标右键，弹出其快捷菜单，选择"取消组合"，出现如图 3-34 所示表格。

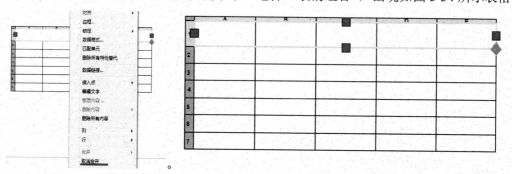

图 3-34　取消组合

59

(3) 按住 shift 键，选中要合并的单元格，单击鼠标右键，弹出其快捷菜单，选择"合并"完成表格修改，如图 3-35 所示。

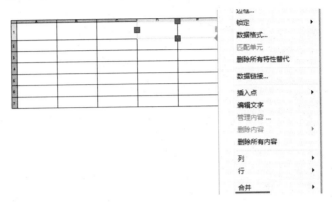

图 3-35　合并

四、思考与练习

(1) 在 AutoCAD 中，所有的图形对象都具有图层、颜色、线型和线宽 4 个基本属性。在绘图过程中，使用不同的基本属性可以方便地控制图形对象的显示和编辑，提高绘图的效率和准确性。

(2) 绘制一个如图 3-36 所示标题栏，使用单行文字进行填写。

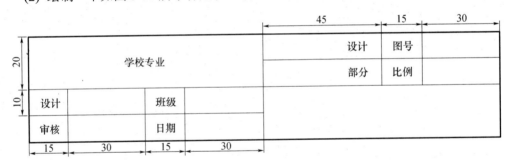

图 3-36　练习 2

实验说明：
① 设置线宽为 0.5，画一个宽 180、高 40 的矩形，然后炸开该矩形。
② 按照上图所示，用偏移命令偏移指定的距离。
③ 使用修剪命令进行修剪。
④ 把标题栏分格线的线宽设置为 0.25。
⑤ 为标题栏内的文字创建单独的文字样式。
⑥ 在其中的一个单元格中输入文字，利用多重复制命令复制到其他的单元格中。
⑦ 利用"编辑文字"命令，修改文字的内容。

(3) 在已经绘制好边框线的 A3 图纸上画如图 3-37 所示标题栏。

【小提示】　可利用偏移命令，在边框上画一条直线进行偏移实现各行。

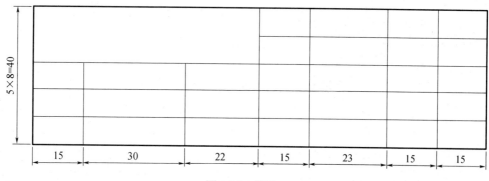

图 3-37　练习 3

(4) 在已经绘制好边框线的 A3 图纸上画如图 3-38 所示标题栏。单行文字：字体(仿宋体)、字高(3.5)。

法向模数	Mn	2
齿数	Z	80
径向变位系数	X	0.06
精度等级		8-Dc
公法线长度	F	43.872±0.168

24	12	33

技术要求	物料堆积密度	γ	2400kg/m³
	物料最大块度	a	500mm
	许可环境温度		−30°~+40°
	许可牵引力	Fx	45000N
	调速范围	V	≤120r/min
	生产率	ξ	110~180m³/h

11	29	12	27

图 3-38　练习 4

实验四　图形尺寸标注练习

导读： 在图形设计中，尺寸标注是绘图设计工作中的一项重要内容，它是图形的测量注释。因为绘制图形的根本目的是反映对象的形状，并不能表达清楚图形的设计意图，而图形中各个对象的真实大小和相互位置只有经过尺寸标注后才能确定。AutoCAD 包含了一套完整的尺寸标注命令和实用程序，可以轻松完成图纸中要求的尺寸标注。例如，使用 AutoCAD 中的"直径""半径""角度""线性""圆心标记"等标注命令，可以对直径、半径、角度、直线及圆心位置等进行标注。

一、实验目的

(1) 掌握 AutoCAD 中各类尺寸标注的方法和操作；
(2) 掌握新建与设置标注样式的方法；
(3) 掌握尺寸编辑方法；
(4) 了解图案填充。

二、预习思考题

(1) 在工程制图时，完整的尺寸标注应包含哪几个要素？
(2) 用什么命令可以打开标注样式管理器的对话框？
(3) 在新建标注样式时，文字选项卡下的分数高度比例只有设置哪一项后才生效？
(4) 尺寸标注的快捷键是什么？
(5) 基线标注和线性标注有何区别？
(6) 如何增加直径前缀？
(7) 尺寸标注有哪些类型？
(8) 尺寸标注样式管理器主要功能包括哪些？

三、实验内容及步骤

图形的主要作用是表达物体的形状，物体各部分的真实大小和它们之间的位置关系是由图中所标注的尺寸决定的，因此，尺寸标注是绘图设计工作中的一项重要内容。AutoCAD 提供了一套完整的尺寸标注命令和实用程序，能轻松地完成图纸中要求的尺寸标注。由于尺寸标注对传达有关设计元素的尺寸和材料等信息有着非常重要的作用，因此在对图形进行标注前，应先了解尺寸标注的组成、类型、规则及步骤等。在对图形进行标注之前，应首先了解尺寸标注的规则、组成、类型和步骤等。在做标注尺寸练习之前，有几点说明，提醒读者注意：

(1) 建立新文件时，应使用 acadiso.dwt 模板文件。

(2) AutoCAD 默认的尺寸样式为 ISO-25，但是，给具体图形标注尺寸之前，最好重新设置尺寸样式(在满足需要的前提下，尺寸样式的种类越少越好)。

(3) 在标注尺寸之前，显示(打开)"标注"工具条。

(4) 尺寸标注命令后括号内的图标为该命令所对应的尺寸标注工具条中的图标。

【知识点一：尺寸标注的规则】

在 AutoCAD 2014 中，对绘制的图形进行尺寸标注时应遵循以下规则：

(1) 物体的真实大小应以图样上所标注的尺寸数值为依据，与图形的大小及绘图的准确度无关。

(2) 图样中的尺寸是以毫米(mm)为单位，不需要标注计量单位的代号或名称。如果采用其他单位，则必须注明相应的计量单位或名称，如度(°)、米(m)和厘米(cm)等。

(3) 图样中所标注的尺寸为该图样所表示的物体的最后完工尺寸，否则应另加说明。

(4) 建筑图像中的每个尺寸一般只标注一次，并标注在最能清晰表现该图形结构特征的视图上。

(5) 尺寸的配置要合理，功能尺寸应该直接标注，尽量避免在不可见的轮廓线上标注尺寸，数字之间不允许有任何图线穿过，必要时可以将图线断开。

【知识点二：尺寸标注的组成】

在机械制图或其他工程绘图中，一个完整的尺寸标注应由标注文字、尺寸线、尺寸界线、尺寸线的端点符号及起点等要素组成，如图 4-1 所示。尺寸标注的基本要素的作用与含义如表 4-1 所列。

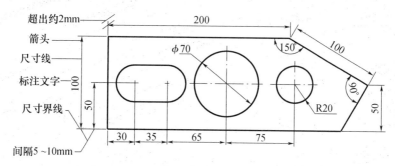

图 4-1 尺寸标注的组成

表 4-1 尺寸标注的基本要素的作用与含义

基本要素	作用与含义
尺寸数字 及符号	尺寸数字表示图形的实际测量尺寸，可以只标注基本尺寸，也可以带尺寸公差。一般注写在尺寸线的上方，也允许注写在尺寸线的中断处。尺寸数字应按标准字体书写，同一张图纸上的字高要一致，在图中遇到图线时，必须将图线断开，若图线断开影响图形表达，则需要调整尺寸标注的位置。角度的数字一律写成水平方向，一般注写在尺寸线的中断处。必要时可使用引线标注。 常用标注尺寸的符号有直径(Φ)、半径(R)、球直径(SΦ)、球半径(SR)、均布(EQS)、正方形(□)、厚度(t)和深度( )等。标注参考尺寸时，应在尺寸数字上加圆括弧。当需要指明半径尺寸是由其他尺寸所确定的时，应用尺寸线和符号"R"标出，但不要注写尺寸数

63

基本要素	作用与含义
尺寸线	表示尺寸标注的范围，用细实线绘制，用来表示尺寸标注的范围。 其终端可以使用箭头和斜线两种形式，必须单独绘出，不能用其他图线代替，也不能与其他图线重合或画在其他图线的延长线上。箭头适用于各种类型的图样，但在实践中多用于机械制图，斜线多用于建筑制图。通常 AutoCAD 将尺寸线放置在测量区域中，如果空间不足，则将尺寸线或尺寸数字移到测量区域的外部，取决于标注样式的放置规则。 标注线性尺寸时，尺寸线必须与所标注的线段平行。尺寸线不能用其他图线代替，一般也不能与其他图线重合或画在其延长线上。标注角度时，尺寸线是一段圆弧，其圆心应是该角的顶点
尺寸界线	也称为投影线，用细实线绘制，从图形的轮廓线、轴线或对称中心线引出，也可以直接利用轮廓线、轴线或对称中心线作为尺寸界线。尺寸界线一般应与尺寸线垂直，必要时也可以倾斜，尺寸界线应超出尺寸线 3mm 左右。 标注角度的尺寸界线应沿径向引出。标注弧长或弧长的尺寸线应平行于该弦的垂直平分线，当弧度较大时，可沿径向引出
尺寸线终端	表示测量起点和终点的位置。通常用箭头表示，AutoCAD 提供了多种箭头符号，其范围很广，以满足不同行业的需求，可以是短划线、点或其他标记，也可以是块，还可以是自定义符号，如建筑标记、小斜线箭头、点和斜杠等。但是，在同一张图纸中，只能采用同一种尺寸线终端形式

【小提示】 通常情况下，尺寸线、尺寸界线采用细实线，尺寸线(包括尺寸界线和尺寸文本)的颜色和线宽设置为 ByBlock。如果运用了绘图比例，则尺寸文字中的数据不一定是标注对象的图上尺寸。

【知识点三：尺寸标注的类型】

AutoCAD2014 提供了十余种标注工具，分别位于菜单栏的"标注"下拉菜单或"标注"工具栏中，可以进行角度、直径、半径、线性、对齐、连续、圆心及基线等标注，如图 4-2 所示。

图 4-2 "标注"工具栏

【知识点四：创建新标注样式】

尺寸标注是零件制造和装配时的重要依据。在任何一幅图中都是必不可少的部分，有时比图形本身还重要。标注尺寸包括尺寸标注和旁注。尺寸标注描述工程图中物体各部分的实际大小和相互之间的准确位置；旁注是说明文字，可由旁注线引出。

AutoCAD 的尺寸标注为半自动方式，系统按图形的测量值和标注样式进行标注。

单击"菜单浏览器"按钮，在弹出的菜单中选择"格式"→"标注样式"命令，在打开的"标注样式管理器"对话框设置标注样式。在 AutoCAD 中，使用标注样式可以控制标注的格式和外观，建立强制执行的绘图标准，并有利于对标注格式及用途进行修改。

选择菜单栏中的"格式"→"标注样式"命令，打开"标注样式管理器"对话框，或在"功能区"选项板中选择"注释"选项卡，在"标注"面板中单击"标注样式"按钮，打开"标注样式管理器"对话框，如图 4-3 所示。单击"新建"按钮，在打开的"创建新标注样式"对话框中创建新标注样式，如图 4-4 所示。

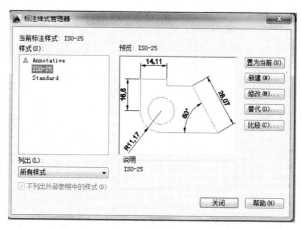

图 4-3　"标注样式管理器"对话框

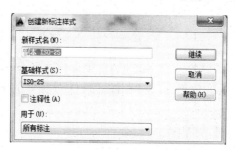

图 4-4　"创建新标注样式"对话框

"标注样式管理器"对话框中各选项的含义如表 4-2 所列。

表 4-2　选项含义列表

选项	含义
样式	列出图形中的标准样式。当前样式提亮显示。不能删除当前样式或当前图形正使用样式
列出	控制样式显示。根据查看范围可选择所有样式或正在使用样式
预览	显示"样式"列表中选定样式的图示
置为当前	将选定样式设定为当前标注样式。当前样式将应用于所创建的标注
新建	弹出新建对话框，定义新的标注样式
修改	弹出修改对话框，可以修改标注样式
替代	弹出替代对话框，可以设定标注样式的临时替代值
比较	弹出比较对话框，可以比较两个标注样式或列出一个标注样式的所有特性

文本框中输入新样式的名称。在"基础样式"下拉列表框中选择一种基础样式，新样式将在基础样式的基础上进行修改。此外，在"用于"下拉列表框中指定新建标注样式的适用范围，包括"所有标注""线性标注""角度标注""半径标注""直径标注""坐标标注"和"引线与公差"等选项。设置了新样式的名称、基础样式和适用范围后，单击该对话框中的"继续"按钮，打开"新建标注样式"对话框，如图4-5所示。

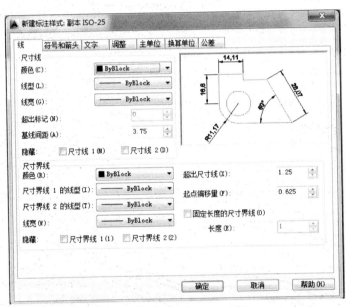

图4-5 "新建标注样式"对话框

【小提示】尺寸标注有关联性，当 AutoCAD 中提供系统变量 DimASO=1 时，标注随图形的变化自动更新所测量的值进行尺寸标注。保证对实体的编辑修改后不用再重新标注，尺寸变化，标注也变化。

在"新建标注样式"对话框中，可根据不同选项卡进行设置，如表4-3所列。

表4-3 "新建标注样式"对话框选项设置

选项卡	作 用
线	设置尺寸线和尺寸界线的格式和位置
符号和箭头	设置箭头、圆心标记、弧长符号和半径标注折弯的格式与位置
文字	标注文字的外观、位置和对齐方式
调整	设置标注文字、尺寸线、尺寸箭头的位置
主单位	设置主单位的格式与精度等属性
单位换算	在 AutoCAD 2014 中，通过换算标注单位，可以转换使用不同测量单位制的标注，通常是显示英制标注的等效公制标注，或公制标注的等效英制标注。在标注文字中，换算标注单位显示在主单位旁边的方括号[ ]中
公差	设置是否标注公差，以及以何种方式进行标注

任务一：使用线性标注命令完成实验一中的练习图 1-31 尺寸标注，要求以 A3 图纸为例设置新尺寸标注样式，命名为机械标注，基线间距为 10，超出尺寸线设为 3，起点偏移量设置为 0，其余颜色、线型、线宽、尺寸界线等设置为随层(Bylayer)。文字位置分别为垂直设为上方、水平设为居中；文字对齐为与尺寸线对齐，设置字体为宋体，字高为 20。主单位设置精度为 0，箭头大小 10。带公差的尺寸标注设置公差方式为"极限偏差"，高度比例为"0.7"，垂直位置为"中"，再分别输入上下偏差值，下偏差自动加"-"号，若为正值，请再加"-"号，负负得正。

第 1 步：创建新样式名。选择菜单栏中的"格式"→"标注样式"命令，打开"标注样式管理器"对话框，单击该对话框中的"新建"按钮，打开"创建新标注样式"对话框，如图 4-6 所示，输入机械标注。

第 2 步：设置尺寸线和尺寸界线。

在"新建标注样式"对话框中，设置尺寸线和尺寸界线，如图 4-6 所示。

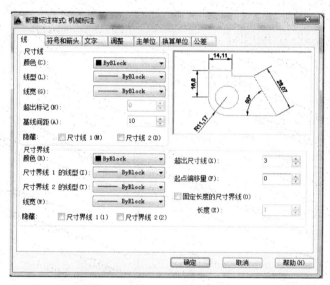

图 4-6　设置尺寸线、尺寸界线

在"尺寸线"选项区域中，可以设置尺寸线的颜色、线宽、超出标记以及基线间距等属性，如表 4-4 所列。

表 4-4　尺寸线选项功能

选项	功　能　介　绍
颜色	用于设置尺寸线的颜色，默认情况下，尺寸线的颜色随块(ByBlock)。也可以使用变量 DIMCLRD 设置
线型	用于设置尺寸线的线型，该选项没有对应的变量
线宽	用于设置尺寸线的线宽，默认情况下，尺寸线的线宽随块(ByBlock)。也可以使用变量 DIMLWD 设置
超出标记	当尺寸线的箭头采用倾斜、建筑标记、小点、积分或无标记等样式时，使用该文本框可以设置尺寸线超出尺寸界线的长度
基线间距	基线尺寸标注时，可以设置各尺寸线之间的距离
隐藏	通过选择"尺寸线 1"或"尺寸线 2"复选框，可以隐藏第 1 段或第 2 段尺寸线及相应的箭头

在"尺寸界线"选项区域中，可以设置尺寸界线的颜色、线宽、超出尺寸线的长度和起点偏移量、隐藏控制等属性，这些属性可以控制尺寸界线的外观，如表 4-5 所列，尺寸线、尺寸界线之间关系如图 4-7 所示。

表 4-5　尺寸界线选项功能

选项	功 能 介 绍
颜色	用于设置尺寸界线的颜色，也可以使用变量 DIMCLRE 设置
尺寸界线 1 线型	用于设定第一条尺寸界线的线型
尺寸界线 2 线型	用于设定第二条尺寸界线的线型
线宽	用于设置尺寸界线的线宽，也可以使用变量 DIMWE 设置
超出尺寸线	用于设置尺寸界线超出尺寸线的距离，也可以使用变量 DIMEXE 设置
起点偏移量	用于设置尺寸界线的起点与标注定义点的距离
固定长度的尺寸界线	选中该复选框，可以使用具有特定长度的尺寸界线标注图形，其中在"长度"文本框中可以输入尺寸界线的数值
隐藏	不显示尺寸线，通过选择"尺寸线 1"或"尺寸线 2"复选框，可以隐藏第 1 段或第 2 段尺寸界线

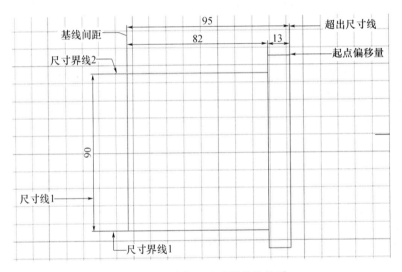

图 4-7　尺寸线、尺寸界线的关系

第 3 步：设置箭头和弧长。

【知识点：箭头】　在"箭头"选项区域中，可以设置尺寸线和引线箭头的类型及尺寸大小等，通常情况下，尺寸线的两个箭头应一致。为适应不同类型的标注需要，AutoCAD 设置了 20 多种箭头样式，可从对应的下拉列表框中选择箭头，并在"箭头大小"文本框中设置其大小。

在"圆心标记"选项区域中，可以设置圆或圆弧的圆心标记类型，如"标记""直线"和"无"。其中，选择"标记"单选按钮，可以对圆或圆弧绘制圆心标记，为小十字线；选择"直线"单选按钮，可以对圆或圆弧绘制中心线，表示圆心标记的标注线将延伸到圆外；选择"无"单选按钮，则没有任何标记。当选择"标记"或"直线"时，可在"大小"文本框中设置圆心标记的大小。

在"弧长符号"选项区域中，可以设置弧长符号显示的位置，包括"标注文字的前缀""标注文字的上方"和"无"3种方式。

在"半径折弯标注"选项区域的"折弯角度"文本框中，可以设置标注圆弧半径时，标注线折弯的角度。

在"线性折弯标注"选项区域的"折弯高度因子"文本框中，可以设置折弯标注打断时，折弯线的高度。

【操作步骤】在"新建标注样式"对话框中，使用"符号和箭头"选项卡可以设置箭头、圆心标记、弧长符号和半径标注折弯的格式与位置。

将箭头设置为实心闭合，箭头大小为10(建筑设置为建筑标记)，如图4-8所示。

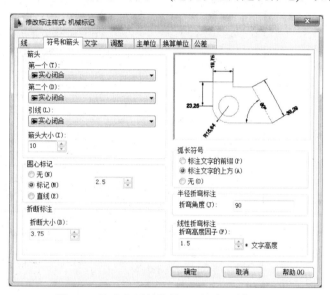

图4-8　箭头和弧长符号、圆心标记的设置

第4步：尺寸文本的设置。

【知识点】　文字选项卡，可以设置标注文字的外观、位置和对齐方式，功能如表4-6所列。

表4-6　文字选项卡功能介绍

区域	功能	选项	作　用
文字外观	设置文字样式、颜色、高度和分数高度比例，控制是否绘制文字边框等。	文字样式	用于选择标注文字的样式。也可以单击其后的按钮，打开"文字样式"对话框，选择文字样式或新建文字样式
		文字颜色	用于设置标注文字的颜色，也可以使用变量 DIMCLRT 设置
		填充颜色	用于设置标注文字的背景色。
		文字高度	用于设置标注文字的高度，也可以使用变量 DIMTXT 设置
		分数高度比例	设置标注文字中分数相对于其他标注文字的比例，AutoCAD 将该比例值与标注文字高度的乘积作为分数的高度
		绘制文字边框	设置是否给标注文字添加边框

区域	功能	选项	作　　用	
文字位置	设置文字的垂直、水平位置以及从尺寸线的偏移量	垂直	用于设置标注文字相对于尺寸线在垂直方向的位置	
			居中	把标注文字放在尺寸线中间
			上方	把标注文字放在尺寸线上方
			外部	把标注文字放在远离第一定义点的尺寸线一侧
			JIS	按 JIS 规则放置标注文字
		水平	用于设置标注文字相对于尺寸线和尺寸界线在水平方向的位置	
			居中	文字放在两条尺寸线中间
			第一条尺寸界线	沿尺寸线与第一条尺寸界线左对正
			第二条尺寸界线	沿尺寸线与第二条尺寸界线右对正
			第一条尺寸界线上方	沿第一条放或放在第一条尺寸界线之上
			第二条尺寸界线上方	沿第二条放或放在第二条尺寸界线之上
		观察方向	用于控制标注文字的观察方向	
			从左到右	按从左向右阅读方式放文字
			从右到左	按从右向左阅读方式放文字
		从尺寸线偏移	设置当前文字间距。如果标注文字位于尺寸线中间，表示断开处尺寸线端点与尺寸文字的间距。若标注文字带有边框，可控制文字边框与其中文字的距离	
文字对齐	设置标注文字是保持水平还是与尺寸线平行。	水平	使标注文字水平放置。	
		与尺寸线对齐	使标注文字方向与尺寸线方向一致。	
		ISO 标准	使标注文字按 ISO 标准放置，当标注文字在尺寸界线之内时，它的方向与尺寸线方向一致，而在尺寸界线之外时，将水平放置，如图 4-9 所示。	

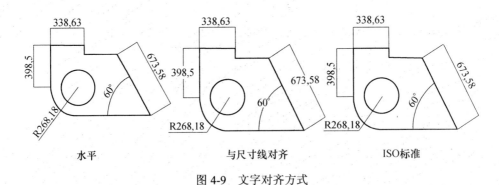

图 4-9　文字对齐方式

【操作步骤】在"新建标注样式"对话框中，可以使用"文字"选项卡设置标注文字的外观、位置和对齐方式。文字样式选择 isocp.shx，文字颜色随层，A3 图纸的尺寸文字高度一般为 3.5，如图 4-10 所示。设置字体为宋体，字高为 20，然后依次单击"应用""置为当前""关闭"按钮，如图 4-11 所示。

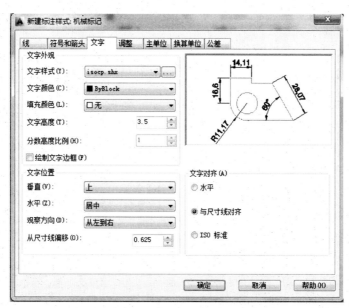

图 4-10　尺寸文本的设置

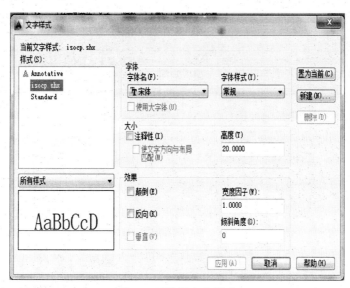

图 4-11　设置文字样式

【小提示】　一种文字样式设置只能画出一种样式，想在图中同时标注几种不同的直径样式，需要分别新建不同直径标注样式的父尺寸；或用一种样式标注完成后再选择修改下拉菜单中的特性，对每种样式分别进行修改。

文字样式不能设成一般汉字，否则无法标注直径"Φ"。

第 5 步：尺寸文本与尺寸箭头的调整设置。

【知识点：调整设置】　调整设置是根据图纸的要求对文字和箭头进行最佳的设置。此选项卡有 4 个选项，如表 4-7 所列。

表 4-7　调整设置功能介绍

选项区域	功能	选项	作用
调整选项	当尺寸界线之间没有足够空间同时放置标注文字和箭头时,应从尺寸界线之间移出对象	文字或箭头(最佳效果)	按最佳效果自动移出文本或箭头
		箭头	没有足够空间,首先将箭头移出
		文字	没有足够空间,首先将文字移出
		文字和箭头	没有足够空间,将文字和箭头都移出
		文字始终保持在尺寸界线之间	将文本始终保持在尺寸界线之内
		若不能放在尺寸界线内,则消除箭头	如果选中该复选框,则可以抑制箭头显示
文字位置	设置当文字不在默认位置时的位置	尺寸线旁边	将文本放在尺寸线旁边
		尺寸线上方,带引线	将文本放在尺寸线的上方,并带上引线
		尺寸线上方,不带引线	将文本放在尺寸线的上方,但不带引线
标注特征比例	设置标注尺寸特征比例,通过设置全局比例来增大或减小各标注的大小	将标注缩放到布局	根据当前模型空间视口与图纸空间之间的缩放关系设置比例
		使用全局比例	对全部尺寸标注设置缩放比例,该比例不改变尺寸的测量值
优化	对标注文字和尺寸线进行细微调整	手动放置文字	忽略标注文字的水平设置,在标注时可将标注文字放置在指定的位置
		在尺寸线之间绘制尺寸线	当尺寸箭头放置在尺寸界线之外时,也可在尺寸界线之内绘制出尺寸线

【操作步骤】　在"新建标注样式"对话框中,单击"调整"选项卡,调整选项选文字或箭头(最佳效果),文字位置选尺寸线旁边,标注特征比例选使用全局比例,设为100(即绘图界限非常大时,先按 A3 图纸要求大小设置,再选此项填入 100 则实际施工图纸会增大 100 倍)。

第 6 步:主单位设置。

【知识点】　主单位设置主要对线性尺寸及角度尺寸的标注格式和精度进行设置。此选项卡有 5 个选项区域,如表 4-8 所列。

表 4-8　主单位设置功能介绍

选项区域	功能	选项	作　用
线性标注	设置线性标注的单位格式与精度	单位格式	设置除角度标注之外的其余各标注类型的尺寸单位,包括"科学""小数""工程""建筑""分数"等选项
		精度	设置除角度标注之外的其他标注的尺寸精度
		分数格式	当单位格式是分数时,可以设置分数的格式,包括"水平""对角"和"非堆叠"3 种方式
		小数分隔符	设置小数的分隔符,包括"逗点""句点"和"空格"3 种方式
		舍入	用于设置除角度标注以外的尺寸测量值的舍入值
		前缀、后缀	设置标注文字的前缀和后缀,在相应的文本框中输入字符即可

72

选项区域	功能	选项	作　用
测量单位比例	定义线性比例选项。使用"比例因子"文本框，可以设置测量尺寸的缩放比例。选中"仅应用到布局标注"复选框，可以使该比例关系仅适用于布局标注		
消零	设置是否显示尺寸标注中的"前导"和"后续"零	前导	不输出所有十进制标注中的前导0
		辅单位因子	距离小于一个单位时，用辅单位为单位计算标注距离
		辅单位后缀	标注值单位中包含后缀。可以是输入文字或特殊代码代替特殊符号
		0 英尺	如果长度小于1英尺，消除英尺英寸标注中英尺部分
		0 英寸	如果长度为整英尺，消除英尺英寸标注中英寸部分
角度标注	显示设定角度标注的当前角度格式	单位格式	列表框设置标注角度时的单位
		精度	设置标注角度的尺寸精度
		消零	设置是否消除角度尺寸的前导和后续零

【操作步骤】　在"新建标注样式"对话框中，可以使用"主单位"选项卡设置主单位的格式与精度等，如图4-12所示。单位格式选小数，小数分隔符选"，"(逗点)，舍入选 0，前缀采用%%c 代表Φ，而不能直接输入Φ表示直径Φ77。此处前缀、后缀也可不设，标注时用文本输入即可。

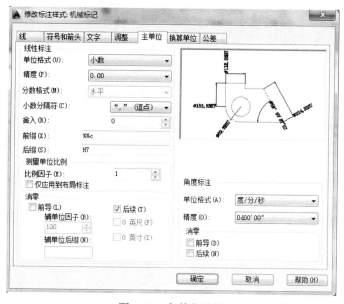

图 4-12　主单位设置

角度标注设为度/分/秒单位格式，精度设置为 0d00'00"。

第7步：设置换算单位样式。

【知识点】　主要对各种单位换算的格式进行设置，选中"显示换算单位"复选框后，对话框的其他选项才可使用，可以在"换算单位"选项区域中设置换算单位的"单位格式""精度""舍入精度""前缀"和"后缀"等，方法与设置主单位的方法相同。但有两个选项是独有的。"换算单位倍数"是指定一个乘数作为主单位和换算单位之间的转换因子。如要将英寸转换成毫米，则此处应输入 25.4。此值对角度标注没有影响，且不会应用于舍入值或正、负公差值。"位置"用于控制换算单位的位置，包括"主值后"(即将换算单位放在标注文字中的主单位之后)和"主值下"(即将换算单位放在标注文字中的主单位之下)2 种方式。

在 AutoCAD2014 中，通过换算标注单位，可以转换使用不同测量单位制的标注，通常是显示英制标注的等效公制标注，或公制标注的等效英制标注。在标注文字中，换算标注单位显示在主单位旁边的方括号[ ]中。

【操作步骤】 在"新建标注样式"对话框中，可以使用"换算单位"选项卡设置换算单位的格式，如图 4-13 所示。

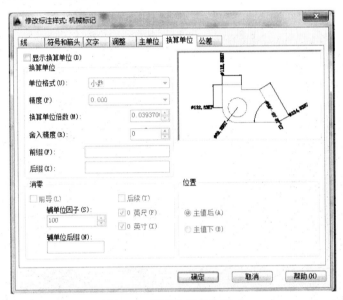

图 4-13 设置换算单位样式

第 8 步：设置公差样式，一般用于机械标注。

【知识点】 主要对标注公差的格式进行设置，包括公差的方式、精度、公差值、公差文字的高度与对齐方式等，其部分选项功能的简单介绍如表 4-9 所列。

表 4-9 设置公差样式部分选项功能

选项	功 能		
方式	设定计算公差的方法	无	不添加公差
		对称	公差正负偏差值相同
		极限偏差	公差正负偏差值不相同
		极限尺寸	公差值合并到尺寸值中，并将上界显示在下界的上方
		基本尺寸	创建基本标注，将在整个标注范围周围显示一个框
精度	设定小数位数		
上偏差	设置最大公差或上偏差。如果在方式中选择对称选项，则此值将用于公差		

选项	功　　能
下偏差	设置最小公差或下偏差
高度比例	确定公差文字的高度比例因子。确定后，AutoCAD 将该比例因子与尺寸文字高度之积作为公差文字的高度
垂直位置	控制公差文字相对于尺寸文字的位置，包括"上""中"和"下"3 种方式
换算单位公差	当标注换算单位时，可以设置换算单位的精度和是否消零

一旦设置公差标注，所有的尺寸在标注的过程中都带有公差，所以公差标注最好采用在位编辑器的方式完成。

【操作步骤】　在"新建标注样式"对话框中，可以使用"公差"选项卡设置是否标注公差，以及使用何种方式进行标注。带公差的尺寸标注设置公差方式为"极限偏差"，高度比例为"0.7"，垂直位置为"中"，再分别输入上下偏差值，下偏差自动加"-"号，若为正值，请加"-"号，如图 4-14 所示。

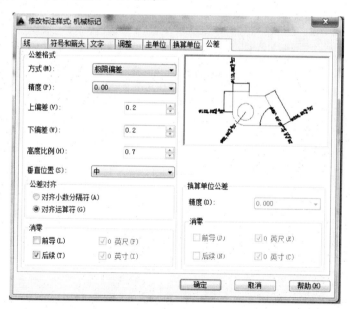

图 4-14　设置公差样式

第 9 步：线性标注，用 ⊢⊣(线性)命令，标注线性尺寸，完成底边尺寸标注。

【知识点】　长度类型尺寸标注适用于标注两点之间的长度，可以是端点、交点、圆弧弦线端点或能够识别的任意两个点。在 AutoCAD2014 中，提供了三种基本的标注类型：长度尺寸标注，半径、直径和圆心标注，角度标注。标注可以是水平、垂直、对齐、旋转、坐标、基线或连续。

尺标标注的操作格式有以下 3 种：

(1) 在命令行中输入各种尺寸的命令，如标线性尺寸输入 dimlin。

(2) 下拉菜单：标注→各种命令。

(3) 标注尺寸工具栏。

长度类型尺寸标注包括多种类型，如：线性标注、对齐标注、弧长标注、基线标注和连续标注等，如表4-9所列。

【操作步骤】 选择菜单栏中的"标注"→"线性"命令，或单击"标注"工具栏中的"线性"图标按钮├┤，对图形进行尺寸标注，如图4-15所示，命令行提示：

命令：_dimlinear
指定第一条尺寸界线原点或<选择对象>：选择第一条尺寸界线的起始点
指定第二条尺寸界线原点：选择第二条尺寸界线的起始点
指定尺寸线位置或
[多行文字(M)/文字(T)/角度(A)/水平(H)/垂直(V)/旋转(R)]：
标注文字=80

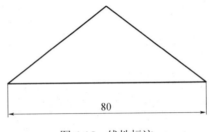

图4-15 线性标注

【说明】 各选项的功能如表4-10所列。

表4-10 线性标注命令选项的功能

选项	功 能
多行文字(M)	将进入多行文字编辑模式，可以使用"多行文字编辑器"输入并设置标注文字
文字(T)	以单行文字的形式输入标注文字，此时，命令行将提示： 输入标注文字<l>：输入要求的标注文字(尺寸数字)
角度(A)	设置标注文字的旋转角度
水平(H)/垂直(V)	标注水平和垂直尺寸
旋转(R)	旋转标注对象的尺寸线

如果在线性标注命令的提示下直接按Enter键，则要求选择需要标注尺寸的对象，选择了对象以后，AutoCAD将以该对象的两个端点作为两条尺寸界线的起始点，并显示如下提示信息：

指定尺寸线位置或
[多行文字(M)/文字(T)/角度(A)/水平(H)/垂直(V)/旋转(R)]：
可以使用前面介绍的方法标注对象。

当两条尺寸界线的起始点不在同一水平线或同一垂直线上时，可以通过拖动鼠标来确定是创建水平标注还是垂直标注。使光标位于两条尺寸界线的起始点之间，上下拖动可引出水平尺寸线，左右拖动可引出垂直尺寸线。

在线性标注、坐标或角度标注基础上，也可以利用连续标注进行标注，选择菜单栏中的"标注"→"连续"命令，或单击"标注"工具栏中的"连续"图标按钮┠┨┨，如图 4-16 所示。

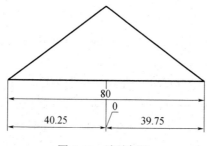

图 4-16　连续标注

第 10 步：对齐标注，完成斜边尺寸标注。

【知识点】　用于斜线、斜面的尺寸标注。这种标注的尺寸线与斜线平行。

【操作步骤】　选择菜单栏中的"标注"→"对齐"命令，或单击"标注"工具栏中的"对齐"图标按钮 ，如图 4-17 所示，命令行提示：

命令：_dimaligned

指定第一条尺寸界线原点或<选择对象>：选择第一条尺寸界线的起始点

指定第二条尺寸界线原点：选择第二条尺寸界线的起始点

指定尺寸线位置或

[多行文字(M)/文字(T)/角度(A)]：

可以使用前面介绍的方法标注对象。

对齐标注是线性标注的一种特殊形式，在对直线段进行标注时，如果直线的倾斜角度未知，那么，使用线性标注方法将无法得到准确的测量结果，这时，可以使用对齐标注方法。

【小提示】对齐标注为与斜线平行，线性标注则为垂线长度 30。

第 11 步：基线标注。

【知识点】　该命令要求用户对多个图形尺寸按基准线位置进行计算并标注，可分为线性基线标注和角度基线标注，如图 4-18 所示。

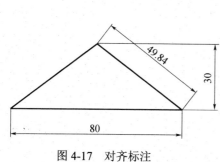

图 4-17　对齐标注

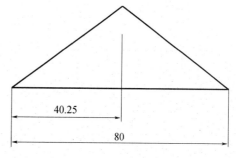

图 4-18　基线标注

【操作步骤】　选择菜单栏中的"标注"→"基线"命令，或单击"标注"工具栏中的"基线"图标按钮 ，命令行提示：

命令：_dimbaseline

选择基准标注：

在进行基线标注之前，必须先创建(或选择)一个线性、坐标或角度标注作为基准标注，然后，再执行"基线"命令，此时，命令行提示：

指定第二条尺寸界线原点或[放弃(U)/选择(S)]<选择>：

直接选择第二条尺寸界线的起始点，AutoCAD 将按基线标注方式标注尺寸，直到按 Enter 键结束命令。

任务二：使用直径、半径标注命令标注半径为 200 的圆。要求使用已有标注样式机械标注，尺寸文字的大小和箭头要求设置合理，尺寸标注的颜色为黄色。半径、直径标注中，设置文字对齐为"ISO 标准"，即数字在图外时水平。调整选项为"文字"，选中"标注时手动放置文字"复选框。

【小提示】 标注之前的准备工作：

为所有的尺寸标注建立单独的图层，通过该图层就能很容易地将尺寸标注和其他的对象区分开来。

(1) 专门为标注文字创建文字样式。

打开自动捕捉功能，并设置捕捉类型为"端点、圆心、交点等"，这样在创建尺寸标注时就能更快地拾取标注对象上的点。

(2) 创建新的尺寸样式。

【知识点】 无论是机械还是建筑对于直径、半径和角度的标注是一样的，都是以尺寸箭头作为尺寸的起止符号。

第 1 步：单击"菜单浏览器"按钮，在弹出的菜单中选择"格式"→"图层"命令，在打开的"图层特性管理器"对话框中创建一个独立的图层 03，黄色，用于尺寸标注。

第 2 步：直径尺寸标注，用⬉(直径)命令，标注直径尺寸；用⬉(半径)命令，标注半径尺寸。

【知识点】 直径尺寸标注主要用于圆弧和圆的直径标注。

【操作步骤】 选择菜单栏中的"标注"→"直径"命令，或单击"标注"工具栏中的"直径"图标按钮⬉，如图 4-19 所示，命令行提示：

命令：_dimdiameter

选择圆弧或圆：在绘图窗口内，移动光标，选择圆弧或圆

标注文字 =1

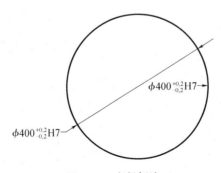

图 4-19 直径标注

78

指定尺寸线位置或[多行文字(M)/文字(T)/角度(A)]:

直径的标注方法与半径的标注方法相同。选择圆或圆弧，并确定尺寸线的位置，系统将按实际测量值标注圆或圆弧的直径。通过"多行文字"或"文字"选项重新确定尺寸文字时，需要在输入的尺寸文字前加%%C，否则，只有尺寸文字而没有Φ直径符号。

第3步：半径尺寸标注。

【知识点】　半径尺寸标注主要用于圆弧和圆的直径标注。

【操作步骤】　选择菜单栏中的"标注"→"半径"命令，或单击"标注"工具栏中的"半径"图标按钮⊘，命令行提示：

命令：_dimradius

选择圆弧或圆：在绘图窗口内，移动光标，选择圆弧或圆

标注文字 =1

指定尺寸线位置或[多行文字(M)/文字(T)/角度(A)]:

指定了尺寸线的位置后，系统将按实际测量值标注圆弧或圆的半径。也可以利用"多行文字""文字"或"角度"选项，确定尺寸文字或尺寸文字的旋转角度。通过"多行文字"或"文字"选项重新确定尺寸文字时，需要在输入的尺寸文字前加 R，否则，只有尺寸文字而没有 R 符号。

任务三：标注样式选用机械标注，完成图 4-20 的尺寸标注。

【知识点】　在 AutoCAD2014 中，还可以使用角度标注以及其他类型的标注功能，对图形中的角度、坐标等元素进行标注。

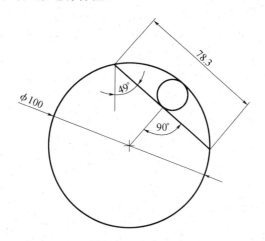

图 4-20　任务三

选择菜单栏中的"标注"→"角度"命令，或单击"标注"工具栏中的"角度"图标按钮△，命令行提示：

命令：_dimangular

选择圆弧、圆、直线或<指定顶点>:

选择需要标注的对象，各选项的功能简单介绍如下：

(1) 标注圆弧角度：选择圆弧时，命令行提示：

指定标注弧线位置或[多行文字(M)/文字(T)/角度(A)/象限点(Q)]:

如果直接确定标注弧线的位置，AutoCAD 将按实际测量值标注角度。也可以选择"多行文字""文字""角度"及"象限点"选项，设置尺寸文字、尺寸文字的旋转角度和象限点。

通过"多行文字"或"文字"选项重新确定尺寸文字时，需要在输入的尺寸文字后加%%D，否则，只有尺寸文字而没有度(°)符号。

(2) 标注圆角度：选择圆时，命令行提示：

指定角的第二个端点：移动光标选择第二点，该点可以在圆周上，也可以不在圆周上。

指定标注弧线位置或[多行文字(M)/文字(T)/角度(A)/象限点(Q)]：

确定标注弧线的位置，这时，标注的角度将以圆心为角度的顶点，以选择的两个点为尺寸界线(或延长线)。

(3) 标注两条不平行直线的夹角：选择其中一条直线时，命令行提示：

选择第二条直线：移动光标，选择另一条直线。

指定标注弧线位置或[多行文字(M)/文字(T)/角度(A)/象限点(Q)]：

确定标注弧线的位置，AutoCAD 将自动标注这两条直线的夹角。

(4) 根据 3 个点标注角度：执行"标注"→"角度"命令后，回车，命令行提示：

指定角的顶点：首先确定角的顶点。

指定角的第一个端点：选择角的第一个端点。

指定角的第二个端点：选择角的另一个端点。

指定标注弧线位置或[多行文字(M)/文字(T)/角度(A)/象限点(Q)]：

确定标注弧线的位置，AutoCAD 将自动标注角度。

任务四：画出图 4-21 所需图形，新建尺寸标注样式，运用尺寸标注命令对图形进行标注，并用图案进行填充。

要求：新尺寸标注样式名：平面标注。尺寸线和尺寸界线为红色，超出尺寸线为 50，起点偏移量为 200，设置字体为宋体，高度为 200，箭头大小为 80，从尺寸线偏移为 50，调整中文字位置选尺寸线上方，不带引线，设置单位格式为小数，精度为 0。

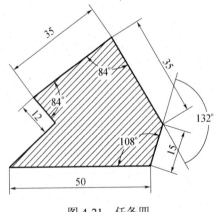

图 4-21　任务四

【知识点：图案填充】

在机械图形中，可以使用图案填充表达一个剖切的区域，也可以使用不同的图案填充表达不同的零部件或材料。AutoCAD 提供了很多填充图案供用户选择，它们被存放在标准图案文件中，用户也可以根据需要定义自己的填充图案。

选择菜单栏中的"绘图"→"图案填充"命令，或在"面板"选项板的"二维绘图"选项区域中(或在 AutoCAD 经典工作空间的"绘图"工具栏中)单击"图案填充" 图标按钮，打开"图案填充和渐变色"对话框，在该对话框中，可以设置图案填充的类型、填充图案、角度和比例等特性，如表 4-11 所列。

表 4-11　图案填充和渐变色选项说明

区域	说明	子选项	功　　能
类型和图案	设置图案填充的类型和图案	类型	设置填充的图案类型，包括"预定义""用户定义"和"自定义"3 个选项。其中，选择"预定义"选项，可以使用 AutoCAD 提供的填充图案；选择"用户定义"选项，则需要临时定义填充图案；选择"自定义"选项，可以使用事先定义好的填充图案
		图案	设置填充的图案，在"类型"下拉列表框中选择"预定义"选项时，该选项可用。在该下拉列表框中，可以根据图案名称选择填充图案，也可以单击其后的 按钮，打开"填充图案选项板"对话框，可以在该对话框中进行选择
		样例	显示当前选中的图案样例，单击该窗口，也可以打开"填充图案选项板"对话框选择填充图案
		自定义图案	选择自定义图案，在"类型"下拉列表框中选择"自定义"选项时，该选项可用
角度和比例	设置用户定义类型的图案填充的角度和比例等参数	角度	设置填充图案的旋转角度，每种图案定义旋转角度都为零
		比例	设置图案填充时的比例值。每种图案在定义时的初始比例为 1，可以根据需要放大或缩小。在"类型"下拉列表框中选择"用户定义"选项时，该选项不可用
		双向	在"类型"下拉列表框中选择"用户定义"选项时，选中该复选框，可以使用相互垂直的两组平行线填充图形，否则为一组平行线
		相对图纸空间	设置比例因子是否为相对于图纸空间的比例。
		间距	设置填充平行线之间的距离，在"类型"中选择"用户定义"选项时，该选项才可用
		ISO 笔宽	设置笔的宽度，当填充图案采用 ISO 图案时，该选项才可用
图案填充原点	设置图案填充原点的位置	使用当前原点	使用当前 UCS 的原点(0，0)作为图案填充的原点
		指定的原点	通过指定点作为图案填充的原点。其中，单击"单击以设置新原点"按钮，可以从绘图窗口中选择一点作为图案填充的原点；选择"默认为边界范围"复选框，可以以填充边界的左下角、右下角、右上角、左上角或圆心作为图案填充的原点；选择"存储为默认原点"复选框，可以将指定的点存储为默认的图案填充原点

区域	说明	子选项	功　　能
边界	包括"拾取点""选择对象"等按钮	拾取点	以拾取点的形式来指定填充区域的边界。单击该按钮,切换到绘图窗口,在需要填充的区域内指定一点,系统会自动计算出包围该点的封闭填充边界,同时加亮显示该边界。在拾取点之后,如果不能形成封闭的填充边界,系统将会显示错误提示信息
		选择对象	切换到绘图窗口,可以通过选择对象的方式来定义填充区域的边界
		删除边界	取消系统自动计算或用户指定边界,包含边界与删除边界的效果对比
		重新创建边界	重新创建边界
		查看选择集	查看已定义的填充边界。单击该按钮,切换到绘图窗口,已定义的填充边界加亮显示
选项		注释性	将图案定义为可注释对象
		关联	创建其边界时,随之更新的图案和填充
		创建独立的图案填充	用于创建独立的图案填充;"绘图次序"下拉列表框用于指定图案填充的绘图顺序
		继承特性	将现有图案填充或填充对象的特性应用到其他图案填充或填充对象
		预览	使用当前图案填充设置显示当前定义的边界,单击图形或 Esc 键,返回对话框,单击、右击或按 Enter 键接受图案填充

【小提示】　使用"图案填充和渐变色"对话框中的"渐变色"选项卡,可以创建单色或双色渐变色,并对图案进行填充。

创建图案填充后,如果需要修改填充图案或修改图案区域的边界,可以选择菜单栏中的"修改"→"对象"→"图案填充"命令。

在进行图案填充时,通常将位于一个已定义的填充区域内的封闭区域称为孤岛。单击"图案填充和渐变色"对话框右下角的 ⊙ 按钮,将显示更多选项,可以对孤岛和边界进行设置,各选项说明如表 4-12 所列。

表 4-12　设置孤岛各选项说明

区域	选项	说　　明
孤岛检测(指定在最外层边界内填充对象的方法)	"普通"方式	从最外边界向里绘制填充线,遇到与之相交的内部边界时,断开填充线,遇到下一个内部边界时,再继续绘制填充线,系统变量 HPNAME 设置为 N
	"外部"方式	从最外边界向里绘制填充线,遇到与之相交的内部边界时,断开填充线,不再继续向里绘制填充线,系统变量 HPNAME 设置为 O
	"忽略"方式	忽略边界内的对象,所有内部结构都被填充线覆盖,系统变量 HPNAME 设置为 I
边界保留	保留边界复选框	将填充边界以对象的形式保留
	对象类型	选择填充边界的保留类型,如"多段线"和"面域"选项等
边界集		定义填充边界的对象集,AutoCAD 将根据这些对象来确定填充边界。默认情况下,系统根据"当前视口"中的所有可见对象确定填充边界
允许的间隙		通过"公差"文本框设置允许的间隙大小。默认值为 0,这时,对象是完全封闭的区域
继承选项		用于确定在使用继承属性创建图案填充时,图案填充原点的位置,可以是当前原点或源图案填充的原点

四、思考与练习

(1) 绘制图 4-22、图 4-23、图 4-24、图 4-25 所示图形，并按照相关规范创建一个自己的标注样式，对图形进行标注。要求创建尺寸标注样式 1，尺寸线颜色随层，间距为 7，尺寸界线颜色随层，超出量为 2，与原点的间距为 0；箭头大小为 4，其余默认；文本颜色随层，文字高度 3.5，文本与尺寸线之间的距离为 1；设置线性尺寸精度为 0，角度型尺寸精度为 0。公差尺寸设置为极限偏差方式，精度为 0.000，上偏差默认为正值，下偏差默认为负值，标注时不控制小数中的零的显示，"公差"对齐方式为底对齐，字高系数为 0.7。

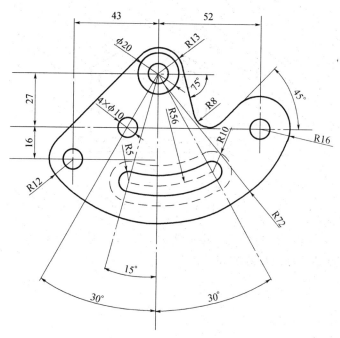

图 4-22　练习图 1

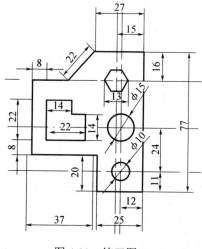

图 4-23　练习图 2

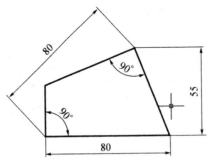

图 4-24 练习图 3

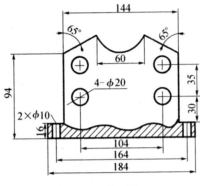

图 4-25 练习图 4

练习连续、基线和引线标注，并根据实际对其进行编辑和调整。

(2) 试总结创建新标注样式的步骤。

实验五　绘制视图和剖视图

导读： 本节通过螺母和螺栓的绘制，介绍视图画法，复习镜像、复制、延伸等修改命令。进一步学习三视图，学习"主俯视图长对正""主左视图高平齐"和"俯左视图宽相等"规律。

一、实验目的

(1) 练习图层的建立，设置当前层及线型的装入、线型、颜色设定；

(2) 复习绘图命令和编辑命令的操作方法；

(3) 练习"对象捕捉""极轴"和"对象追踪"等辅助绘图命令的设置及使用方法；

(4) 学习填充命令的使用方法；

(5) 进一步学习三视图，学习"主俯视图长对正""主左视图高平齐"和"俯左视图宽相等"规律。

二、预习思考题

(1) 三视图的投影规则是什么？

(2) 画一个立体图形的三视图时要注意什么？

(3) 一个视图能否确定物体的空间形状？

(4) 常说的三种视图分别是指_____、_____、_____。

(5) 画视图时，看得见的轮廓线通常画成_____，看不见的部分通常画成_____。

(6) 点的可见性规定是什么？

三、实验内容及步骤

任务一：绘制如图 5-1 所示 M6 螺母视图。螺母主视图、俯视图和左视图均由直线、圆和圆弧构成，重要的是确定这些线条之间的关系。三视图之间关系为：主视图六边形的对角线距离与俯视图左右宽度一致。

如图 5-2 所示，六角螺母的画法有两种：一种为查表画法，即按国标数据来画；一种为比例画法，也称简化画法。这两种画法有一个共同点，就是螺母上的相贯线均用圆弧代替。在实验二中画过 M6 螺母的视图，现在其基础上画主、俯视图。

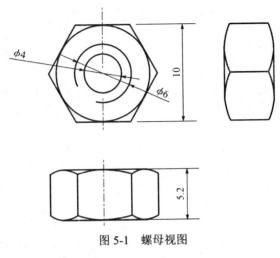

图 5-1　螺母视图

图 5-2　实际螺母

第1步：新建文件，建图层：粗实线层和中心线层，如图 5-3 所示。

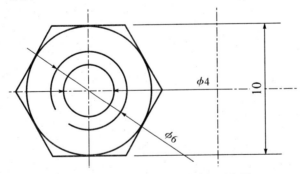

图 5-3　图层

第2步：画主视图，参考实验二。画半径为 2mm(牙顶圆)和 5mm 的圆(圆倒角)及外切六边形，如图 5-4 所示。

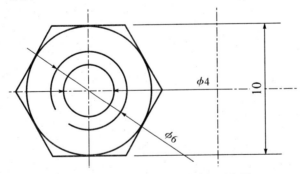

图 5-4　绘制倒角圆、牙顶圆和牙底圆

【小提示】　如尺寸过小，可点视图→缩放→范围。

选择菜单栏中的"修改"→"缩放"命令或在"面板"选项板的"二维绘图"选项区域中(或在 AutoCAD 经典工作空间的"绘图"工具栏中)单击"缩放"□图标按钮，

命令行提示：

命令：_scale

选择对象：选择需要缩放的对象↓

指定基点：指定缩放对象的基点

指定比例因子或[复制(C)/参照(R)]<1.0000>：

直接输入缩放的比例因子，对象将根据该比例因子相对于基点缩放，当比例因子大于0小于1时，缩小对象；当比例因子大于1时，放大对象；若选择"R(参照)"选项，对象将按参照的方式缩放，需要依次输入参照长度的值和新的长度值，AutoCAD 根据参照长度与新长度的值自动计算比例因子(比例因子=新长度值/参照长度值)，进行缩放。

第 3 步：切到细实线层，重复圆命令，输入@回车，输入半径 3mm(牙底圆)回车。牙底圆一般只需要画出 3/4 圆周。可以用修剪命令剪去一或三象限的 1/4 圆周。或者用打断命令将直径为 6 的圆打断，保留大约 3/4 圆弧，如图 5-4 所示。

【知识点：打断】 在 AutoCAD 中，使用"打断"命令可以把对象分成两部分或删除部分对象，使用"打断于点"命令可以将对象在某一点处断开成两个对象。

选择菜单栏中的"修改"→"打断"命令，或在"面板"选项板的"二维绘图"选项区域中(或在 AutoCAD 经典工作空间的"绘图"工具栏中)单击"打断" 图标按钮，命令行提示：

命令：_break 选择对象：(选择需要打断的对象)

指定第二个打断点或[第一点(F)]：默认情况下，以选择对象时的拾取点作为第一个打断点，需要继续指定第二个打断点，如图 5-5 所示。

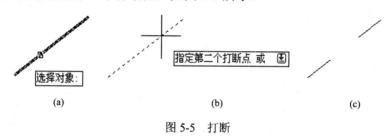

(a)　　　　　　　　　　(b)　　　　　　　　　(c)

图 5-5　打断

(a) 选择对象；(b) 指定第二个打断点；(c) 完成打断。

如果选择 F(第一点)选项，可以重新指定第一个打断点。

在指定第二个打断点时，如果在命令行输入@，可以使第一个和第二个打断点重合，将对象分成两部分。

在对圆图形使用打断命令时，AutoCAD 将沿着逆时针方向把第一个断点和第二个断点之间的圆弧删除，如图 5-6 所示，其中，A 为第一个打断点，B 为第二个打断点。

图 5-6　打断圆图形

在"面板"选项板的"二维绘图"选项区域中(或在 AutoCAD 经典工作空间的"绘图"工具栏中)单击"打断" ▢ 图标按钮，命令行提示：

命令：_break 选择对象：(选择需要打断的对象)

指定第二个打断点或[第一点(F)]：_f

指定第一个打断点：在图形对象上指定打断点(即可从该点处打断对象)

指定第二个打断点：@(命令结束)

第 4 步：绘制俯视图，主要由圆弧和直线构成。绘图时可以先绘制表示外部轮廓的四边形，其宽度可以借助主视图确定，并根据主视图确定棱角线，然后绘制圆弧，最后进行必要的修剪。

在中心线层，画中心线，打开"正交"模式，用直线命令绘制 4 条铅直的直线，确定俯视图的宽度，如图 5-7 所示。利用视图→平移→实时平移，将调整主视图位置，放到屏幕中心。可用镜像命令完成。

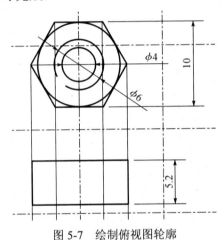

图 5-7　绘制俯视图轮廓

第 5 步：回到粗实线层，画矩形轮廓，如图 5-6 所示。

打开"正交"模式，在延长线上选一点画线，向下输入 5.2 回车，再输入 c 回车，矩形闭合，如图 5-7 所示。再从主视图延伸找到俯视图中间两条线。

第 6 步：将粗实线层设置为当前层，画倒角，如图 5-8 所示。

打开极轴、对象捕捉、对象捕捉追踪功能，右键单击极轴命令图标，设置极轴捕捉角为 30°。

单击直线命令图标，自主视图中 A 点确定俯视图中的 1 点。单击直线工具，利用极轴追踪画线确定 2 点，右键或回车结束直线命令，如图 5-8 所示。

同理，找到 3 点和 4 点。利用极轴 330°确定 4 点或用镜像，如图 5-9 所示。

第 7 步：将粗实线层作为当前层，画交线。

单击圆弧命令，捕捉 2 点，作为圆弧起点，由主视图中确定 5 点，作为圆弧第 2 点，2 点水平画线找到第 6 点，作为圆弧终点，完成三点画弧，如图 5-10、5-11 所示。

【小提示】　绘制圆弧时，得到的结果与选择的端点顺序有关，如果逆时针方向选择端点，绘制的圆弧在端点连线的上方；如果顺时针方向选择端点，绘制的圆弧在端点连线的下方。

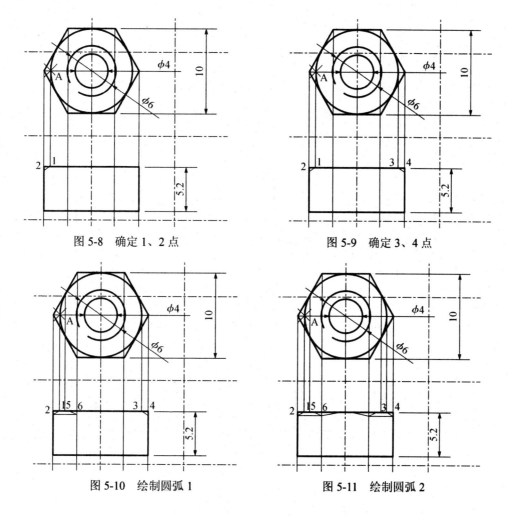

图 5-8　确定 1、2 点　　　　　　　　图 5-9　确定 3、4 点

图 5-10　绘制圆弧 1　　　　　　　　图 5-11　绘制圆弧 2

同理完成另两个圆弧。

第 8 步：用修剪去掉多余线，如图 5-12 所示。

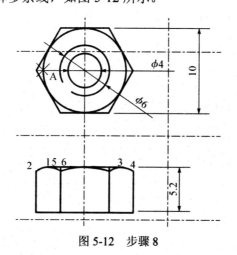

图 5-12　步骤 8

第 9 步：镜像圆弧。

螺母的俯视图是上下对称的，可以使用镜像工具 ⚠ 复制下半部分的圆弧。这时要找到矩形两边的中点作为镜像线。再修剪直线，将小圆弧外侧的线段剪切掉，去掉多余数字，如图 5-13 所示。

第 10 步：绘制牙顶线和牙底线。向右偏移 0.75mm 即可。

第 11 步：绘制左视图，如图 5-14 所示。

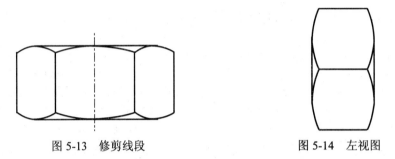

图 5-13　修剪线段　　　　　　　　　　　图 5-14　左视图

第 12 步：标注尺寸。新建样式，设置标注比例为 0.1，完成图 5-1。

任务二：将任务一的螺母放平在桌面上，再继续绘制如图 5-15 所示的 M6 螺母的三视图。

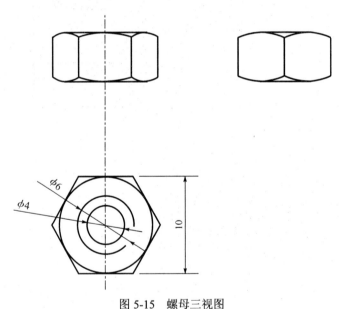

图 5-15　螺母三视图

【扩展题】　给任务三和任务四螺母画出其主视图和左视图的剖面图，如图 5-16 所示。

单击工具栏中的 ▨(图案填充)图标，打开"图案填充和渐变色"对话框，在该对话框的"图案"下拉列表框中，选择"ANSI31"，在"比例"下拉列表框中，设置为 0.8，单击(拾取点)图标，命令行提示：

命令：_bhatch

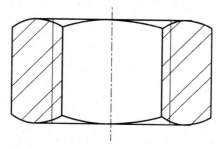

图 5-16　螺母剖面图

拾取内部点或[选择对象(S)/删除边界(B)]：依次单击图形中的 P14、P15、P16、P17、P18、P19 点(参看图 5-42，点的位置不需要很精确)，回车，再打开"图案填充和渐变色"对话框，单击该对话框中的"确定"按钮，完成图案填充。

　　【知识点：部面线图案】　在 CAD 中提供很多种标准阴影图案，当这些图案插入到图形中时，可以指定比例和旋转角度，机械图样中最常用的图案是 ANS131，即 45°斜线。

　　任务三：绘制粗牙六角头 M6 螺栓(GB/T 5782—2000)。标准尺寸如图 5-17 所示。

　　M6 螺栓的头部与 M6 螺母的头部相似，所以可以调用上面绘制的螺母的俯视图，编辑得到。

　　绘制如图 5-17 所示的螺栓。粗牙六角螺栓 GB/T 5782—2000　M6×30 的标准尺寸：B：18，emin|A 级：11.05，s|max：10，k 公称：4，1 长度范围|A 级：30。

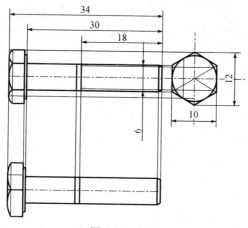

图 5-17　螺栓

　　第 1 步：建立新图，命名为：M6.dwg。

　　第 2 步：定义图层。

　　第 3 步：画左视图。将粗实线层设置为当前层，画直径为 10 的圆及外切六边形。

　　第 4 步：画主视图。将粗实线层设置为当前层，画矩形轮廓及两竖直交线。再画倒角，利用追踪确定三点作圆弧，近似代替交线。画螺栓杆。

　　第 5 步：缩放视图。

　　第 6 步：标注尺寸。

　　任务四：画主视图改成局部剖视图，并补画出如图 5-18 所示左视图。

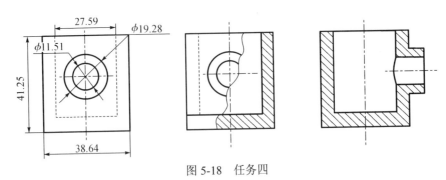

图 5-18　任务四

第 1 步：将主视图改成剖视图，将虚线改画成实线。

第 2 步：从绘图菜单选择图案填充或左键单击绘图工具栏图案填充图标，弹出边界图案填充对话框。

第 3 步：左键单击图案按钮，弹出图案预定义对话框，左键单击所需图样(注：要符合国家标准规定)。

第 4 步：确定图案特性，选比例及角度，左键单击 OK。

第 5 步：边界选择，选一种方式(一般选拾取内点)，左键单击 OK，选择图中的封闭区域(注：若区域不封闭则不执行)，回车，返回对话框。

第 6 步：左键单击"进行"。

第 7 步：完成图样存盘。

四、思考与练习

(1) 绘制如图 5-19 所示三视图。共设置 4 个图层，"图层 1"为粗实线，白色，线宽 0.30mm；"图层 2"为细实线，绿色，默认线宽；"图层 3"为虚线，黄色，默认线宽；"图层 4"为点画线，红色，默认线宽。

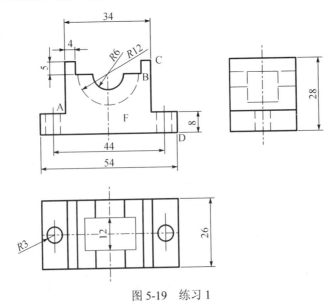

图 5-19　练习 1

(2) 绘制如图 5-20 所示三视图。共设置 4 个图层，"图层 1"为粗实线，白色，线宽 0.30mm；"图层 2"为细实线，绿色，默认线宽；"图层 3"为虚线，黄色，默认线宽；"图层 4"为点画线，红色，默认线宽。

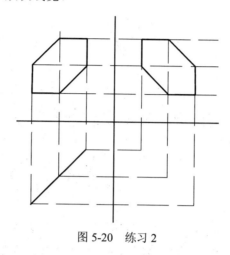

图 5-20　练习 2

(3) 绘制如图 5-21 所示视图，并补画左视图。共设置 4 个图层，"图层 1"为粗实线，白色，线宽 0.30mm；"图层 2"为细实线，绿色，默认线宽；"图层 3"为虚线，黄色，默认线宽；"图层 4"为点画线，红色，默认线宽。

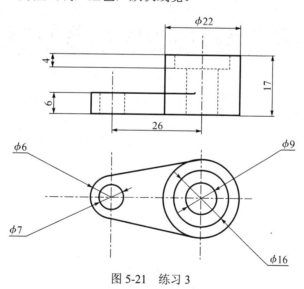

图 5-21　练习 3

(4) 绘制如图 5-22 所示 M12 螺母三视图，并补画剖面图。共设置 4 个图层，"图层 1"为粗实线，白色，线宽 0.30mm；"图层 2"为细实线，绿色，默认线宽；"图层 3"为虚线，黄色，默认线宽；"图层 4"为点画线，红色，默认线宽。

(5) 绘制如图 5-23 所示 GB/T 5782 M10×60 螺栓三视图。共设置 4 个图层，"图层 1"为粗实线，白色，线宽 0.30 毫米；"图层 2"为细实线，绿色，默认线宽；"图层 3"为虚线，黄色，默认线宽；"图层 4"为点画线，红色，默认线宽。

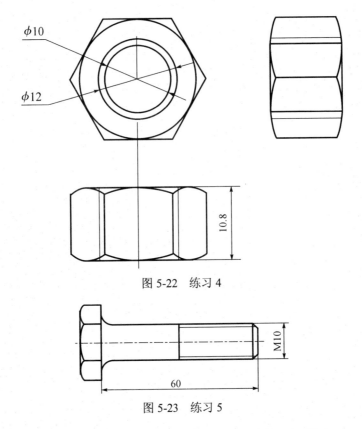

φ10

φ12

10.8

图 5-22 练习 4

M10

60

图 5-23 练习 5

(6) 根据图 5-24 所示轴测图所给的尺寸，画出其立体的三视图。

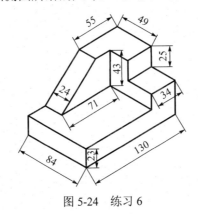

55   49

25

43

24

34

71

23

84   130

图 5-24 练习 6

实验六　零件装配图

导读：掌握装配图的画图和看图方法，是学习机械制图的主要任务之一，绘制装配图和绘制一般的零件又有着不同，因此掌握装配图的训练是很有必要的。本章节提供了含有五套配件的千斤顶零件装配图，可根据不同专业和实验时间的长短来选择部分和全部内容进行练习。

一、实验目的

通过千斤顶装配图的绘制，掌握装配图的绘制方法，将前五章所学到的 AutoCAD 绘图知识熟练掌握并灵活应用在绘图中。

二、预习思考题

(1) 图形中的倒角和圆角如何加？
(2) 部分剖面图的曲线画法应遵循什么原则？
(3) 剖面图中的剖面符号应如何添加？
(4) 标注时，要在侧视图中标注圆的直径，直径符号 Φ 如何输入？
(5) 剖视图中哪些线应当标注为粗实线，哪些应当标注为细实线？

三、实验内容及步骤

图 6-1 所示的是千斤顶的立体图，本章中要求画出千斤顶的装配图，将千斤顶拆成 5 个部分：底座、螺旋杆、绞杠、顶垫、螺套。下面的实验内容中将从 5 个部分完成千斤顶的装配图。

任务一：千斤顶的装配图 1 底座

图 6-2 中为千斤顶底座的部分剖面图、俯视图和立体图。部分剖面图和俯视图的画法步骤如下。

第 1 步：设置绘图环境。

1. 建立新文件

打开 AutoCAD 应用程序，在命令行输入命令 NEW，如图 6-3 所示，或点击"菜单栏"浏览器，在菜单栏浏览器中选择"文件"－>"新建"，AutoCAD 弹出"选择样板"对话框，然后在对话框中自行选择需要的样板，该实验中选择的是 acad 样板。

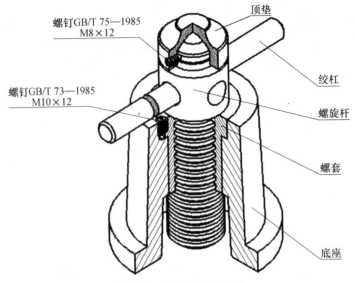

螺钉GB/T 75—1985
M8×12

顶垫

绞杠

螺旋杆

螺套

螺钉GB/T 73—1985
M10×12

底座

图 6-1　千斤顶的立体图

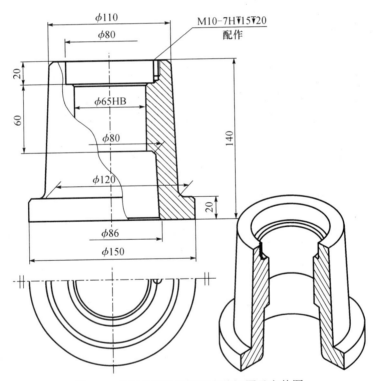

φ110

φ80

M10-7H▼15▼20
配作

20

60

φ65HB

φ80

140

φ120

20

φ86

φ150

图 6-2　底座的部分剖视图和俯视图及立体图

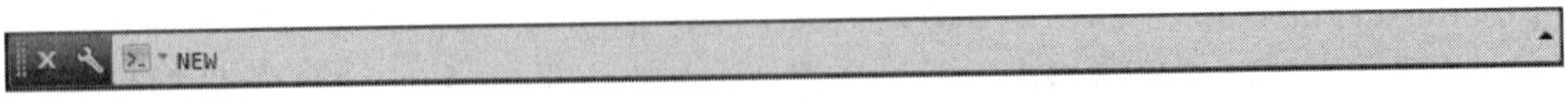

✕ ⚒ 🔧 ▾ NEW

图 6-3　新建文件图

2．设置图层

如图 6-4，点击"菜单栏"浏览器中的"图层栏"中左上角的"图层特性"选项，分别建立"图层 1""图层 2""图层 3"和"图层 4"4 个新的图层，如图 6-5 所示，图层 1 的线型为实线，颜色为黑色；图层 2 也是实线，颜色为绿色；图层 3 的线型为虚线，颜色为黄色；图层 4 的线型为点画线，颜色为红色。

图 6-4　新建图层

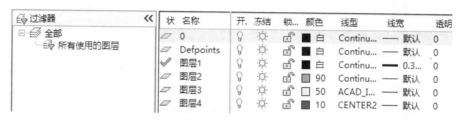

图 6-5　设置图层

第 2 步：底座基本结构图的画法。

先选择点画线图层(图层 4)，在空白的面板上用点画线画一条垂直长度为 200 的点画线。(此时应打开正交功能)

进入实线图层(图层 1)，在点画线比较靠上的地方画一条长度为 150 的水平直线 1，并利用"偏移"功能画出直线 2，3，4，5，偏移距离分别为 20，80，120，140。再次利用"偏移"功能将垂直点画线向左偏移 6 次，偏移距离为 32.5，40，43，55，60，75，得到直线 6，7，8，9，10 和 11。将直线 1，8 的交点 A 与直线 4，7 的交点 B 连接得到直线 AB；将直线 6，7 与直线 4 的交点 B 和 C 连接得到直线 BC；将直线 4，5 与直线 6 的交点 D 和 C 连接得到直线 CD；将直线 8，11 与直线 1 的交点 A 和 E 连接得到直线 AE；将直线 1，2 与直线 10 的交点 E 和 F 连接得到直线 EF；将直线 10，11 与直线 2 的交点 F 和 G 连接得到直线 FG；将直线 2，3 与直线 11 的交点 G 和 H 连接得到直线 GH；将直线 3 与 10 的交点 I 和直线 5 和 9 的交点 J 连接得到直线 IJ。这样就得到了千斤顶底座的左半部分框架图，如图 6-6(a)所示。

由于千斤顶底座的侧视图左右两半部分对称，因此在这里可以利用镜像功能以最初画的垂直点画线为镜像的基线，画出千斤顶底座的右半部分的镜像图，并利用"修剪"功能将外围多余的线段剪除掉，并删除除了 OP 以外的其他垂直点画线，为了方便后续的画图，需要在图 6-6(b)的基础上重新标注一下图形中的交点，这样就得到了千斤顶底座的基本结构图，如图 6-6(b)所示。

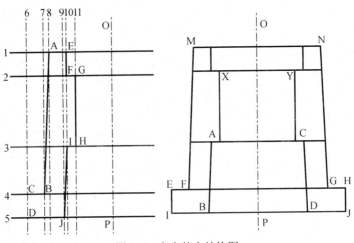

图 6-6　底座基本结构图

第 3 步：添加圆角。

很多机械零件为了增加安全性都会把棱角处做成圆滑型，在制图中被称为圆角，下面讲述的就是如何在棱角处加上圆角。

在图 6-7(c)中 A 点、C 点、E 点、F 点、G 点和 H 点加上圆角，圆角的半径为 2。步骤为(以 E 点为例)：

(1) 先点击工具栏中的"圆角"选项，如图 6-7(a)；

(2) 在命令栏中输入字母"r"，再输入半径的值"2"；

(3) 选择圆角所连接的两条直线 EI 和 EF，就完成了圆角的添加，如图 6-7(b)所示。

将 A 点、C 点、F 点、G 点和 H 点都按照上述步骤操作，就得到了添加圆角后的结构图，如图 6-7(c)所示。

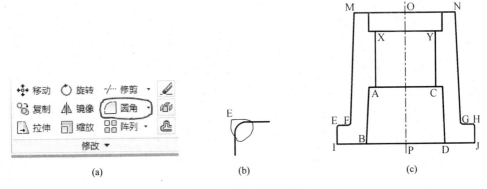

(a)　　　　　　　　　　　(b)　　　　　　　　　　　(c)

图 6-7　添加圆角过程

第 4 步：添加倒角。

很多机械器件都会在接触端做出倒角，主要是为了方便与配套的器件结合，下面讲述的就是如何添加倒角。

在图 6-8(c)中的 M 点、N 点、X 点、Y 点、B 点和 D 点添加倒角(以 M 点为例)，添加的步骤为：

(1) 在菜单栏(如图 6-7(a))中的圆角下拉菜单中选择"倒角"选项;

(2) 点击"倒角",在命令栏中输入字母"d",然后分别输入两个倒角的距离"2",如图 6-8(a)所示;

(3) 再点击需要加入倒角的两条边 MF 和 MN。

N 点的倒角可以用同样的方法得到,将两个倒角与直线 MF 和 NG 的交点连接,如图 6-8(b)所示;其他的点都做相同的操作后就得到图 6-8(c)。

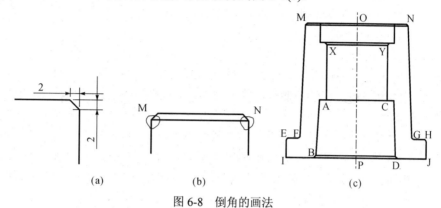

图 6-8　倒角的画法

第 5 步:部分剖面图的画法。

为了清楚地看到千斤顶底座的内部结构,则需要画部分剖视图。由 M 点附近向 D 点画一条曲线,要求这条曲线的左半部分为侧视图,右半部分为侧剖图,要求通过两幅图再加上对应的俯视图能够全面的展示出元件的全貌。

部分剖面图画法的步骤:

(1) 从 M 点附近向 D 点画一条曲线 Z,如图 6-9(a)所示;

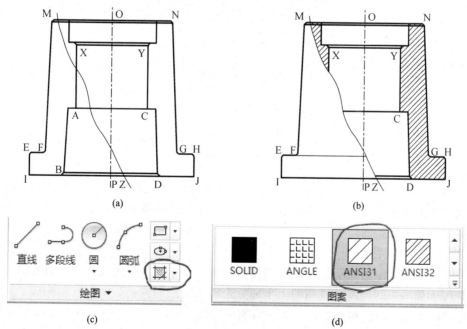

图 6-9　剖面符号图案的填充

(2) 将右半部分剖面图中的不可视的线段用"修剪"功能剪除掉，左半部分不可视的部分剪除掉；

(3) 曲线 Z 的右半部分应画剖视图，剖面应用剖面符号进行填充。

剖面符号添加的步骤为：

(1) 首先选择菜单栏中的图案填充项，如图 6-9(c)；

(2) 并在图案选项中选择 ANSI31 图案，如图 6-9(d)；

(3) 然后将十字光标移动到需要填充图案的地方后，点击鼠标的左键，就完成了剖面符号的填充，如图 6-9(b)所示。

第 6 步：螺孔的剖面图画法。

在千斤顶的内部要与螺套配合使用，这样就使得底座与螺套相连处要加入螺丝固定，那么在千斤顶的内侧和螺套的外侧合起来应该有一个完整的螺孔，下面讲述的就是底座内侧的螺孔的画法。

(1) 将图 6-10(a)中的线段 ST 向右偏移 3.5 和 5；

(2) 将直线 SN 向下偏移 15，在图 6-10(a)中所圈的直角上加入一个边距为 3.5 的倒角；

(3) 将图中的多余线段用"修剪"功能去除掉，重新添加剖面符号，因为直线 ST 与其向右偏移 3.5 的线段之间没有剖面符号。

这样就得到了螺孔的剖面视图，如图 6-10(b)所示。

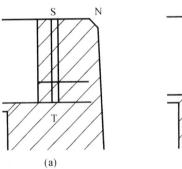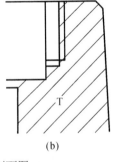

(a)　　　　　　　　　(b)

图 6-10　螺孔剖面图

第 7 步：俯视图的画法。

(1) 将侧视图中的垂直点画线向下延伸，在适当的地方画一条水平的点画线；

(2) 以两条点画线的交点为圆心画 6 个同心圆，半径分别为 32.5，34.5，40，55，60，75；

(3) 以半径为 40 的圆的右侧与水平点画线的交点为圆心画两个半径为 3.5 和 5 的圆。

这样就得到了底座的俯视图，如图 6-11(a)所示，完成图形后，将俯视图的上半部分删除掉，就是俯视图的对称图形简化画法，如图 6-11(b)下半部分所示。

第 8 步：完善图形。

有时为了节省空间对于完全对称的图形只画出一半即可，因此俯视图只需画出下半部分，用"修剪"功能将俯视图的上半部分去掉的图形与修剪后的侧视图构成了完整的千斤顶底座图形，如图 6-11(b)所示。在该图形上加上标注，并且将可视的棱角和边加粗，就得到了图 6-2，标注的方法参考实验四中的图形标注内容，这里就不再做详细描述。

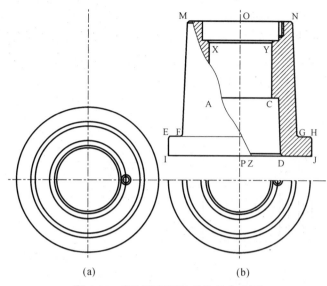

(a)   (b)

图 6-11 底座俯视图及最终的完成图

任务二：千斤顶的装配图 2 螺旋杆。

图 6-12 中为千斤顶螺旋杆的主视图、剖面图和立体图。

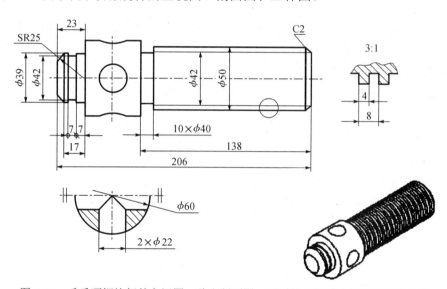

图 6-12 千斤顶螺旋杆的主视图、移出断面图、牙型的局部放大剖面图和立体图

第 1 步：主视图、剖面图的画法步骤如下。

(1) 设置绘图环境(参考任务一)。

(2) 螺旋杆基本结构图的画法：

① 在 AutoCAD 界面的中央处画出一条长为 250 的水平点画线和垂直长为 50 的直线 1，设置"对象捕捉"，将其中中点和端点选项选中，将十字光标移动到点画线的右端并点击鼠标的右键，选择"移动"选项，将点画线的右端点移动到直线 1 的中点上，如图 6-13(a)所示。

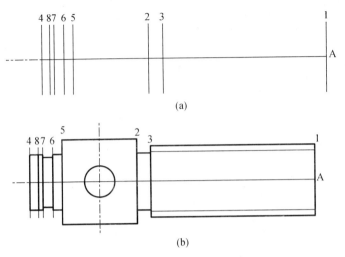

(a)

(b)

图6-13 螺旋杆主视图的基本结构图

② 使用"偏转"功能,将直线1向左偏转138和206后得到直线2和直线4;

③ 在直线2的基础上向右偏转10后得到直线3;

④ 在直线4的基础上向右偏转23得到直线5;

⑤ 再将直线5向左偏转7,14,17后,得到直线6,7,8,如图6-13(a)所示。

⑥ 将直线1~8与水平点画线的交点依次连接(为了方便后续的垂直偏移的步骤)。

第2步:完成基本结构图的步骤如下。

(1) 将直线1和直线3与水平点画线相交的线段向上和向下各偏转两次,偏转距离为25和21。

(2) 直线2和直线3与水平点画线相交的线段向上和向下偏移10mm。

(3) 直线2和直线5与水平点画线相交的线段向上和向下偏移30mm。

(4) 直线5和直线6与水平点画线相交的线段向上和向下偏移19.5mm。

(5) 直线6和直线7与点画线相交的线段向上和向下偏移17.5mm。

(6) 直线4、直线7和直线8与水平点画线相交的线段向上和向下偏移19.5 mm。

(7) 取直线2和直线5与水平点画线相交的线段的中点画一条垂直的直线,以该直线与水平点画线的交点为圆心画一个直径为22 mm的圆。

这样就得到了螺旋杆的基本结构图,如图6-13(b)所示。将结构图图6-13(b)中的多余线段用"修剪"功能修剪掉。

第3步:螺旋杆绞杠孔部分的移出断面图的画法。

(1) 将垂直点画线向下延长,再画一条水平的点画线11与之相交;

(2) 以该交点为圆心画一个直径为60的圆,使用"偏移"功能,将直线11向下偏移11mm,得到直线12;

(3) 以垂直点画线8为基准线,向左、向右各偏移11mm,得到直线9和10;

(4) 将直线9和10与直线12的交点分别连接圆心。就得到了绞杠孔部分的移出断面图的基本结构图,如图6-14下半部分所示。

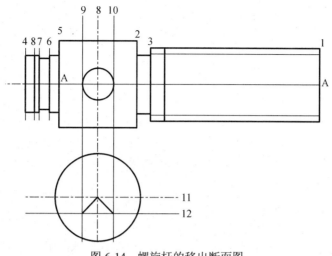

图 6-14　螺旋杆的移出断面图

第 4 步：绞杠孔的主视图的画法。

如图 6-15 中圈起来的部分为其中一个绞杠孔的主视图，它与主视图中直径为 22mm 的圆相互垂直，该绞杠孔在主视图中看起来就是一段圆弧，该圆弧的宽度与绞杠孔的直径相同，厚度要通过绞杠孔剖视图来确定。画该孔的步骤为：

(1) 将直线 9 和直线 10 与大圆的交点相连得到直线 13，直线 13 与垂直点画线和圆的交点之间的距离就是该圆弧的厚度；

(2) 用标注尺寸的方法或计算的方法都可以得到该圆弧的厚度为 2.09mm；

(3) 将水平直线 CD 向下偏移 2.09，偏移后的直线与点画线的交点为 E，直线 CD 与直线 9 和直线 10 的交点为 F 和 G；

(4) 点击绘图菜单栏中的绘图选项中的圆弧，并在其下拉菜单中选择"3 点"选项；

(5) 依次点击 F，E，G 三点，就得到了杠孔主视图的下半部分圆弧；

(6) 点击修改菜单栏中的"镜像"，以点画线 AB 为基线，将圆弧 FEG 向下镜像。

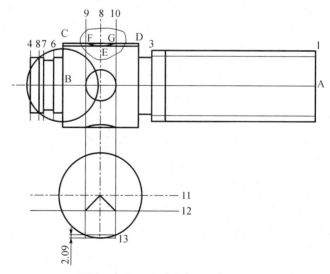

图 6-15　螺旋杆的绞杠孔的主视图

就得到了的绞杠孔主视图的下半部分圆弧。

第 5 步：螺旋杆顶端球面的画法。

以图 6-15 中的 B 点为圆心画一个半径为 25 的圆，然后利用"修剪"功能，剪除掉多余的线段和圆弧，该部分与螺套配对。

第 6 步：牙型局部放大剖面图的画法。

打开正交功能，在空白处连续画出长度为 4 的水平直线和垂直直线；将两侧的端点用曲线连接，加入剖面符号，完成后将整个图形放大 3 倍(原图在整个图中的比例太小)，但在标注尺寸时还应标注放大前的尺寸，并在图形上方标注放大的比例。

第 7 步：完善图形。

在图形的最右上角处加上边距为 2 的倒角，加入倒角的方法请参考千斤顶底座中加入倒角的方法；并在螺孔的剖视图中加入剖面符号；利用"修剪"功能去掉多余的线段和圆弧。

这样就得到了螺旋杆的完整图形，如图 6-16 所示。在该图形上加上标注和将棱角和边加粗，就得到了图 6-12，标注的方法同任务一。

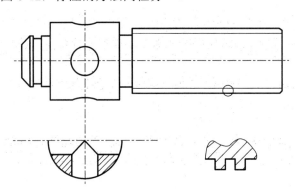

图 6-16 螺旋杆的主视图、移出断面和牙型图

任务三：千斤顶的装配图 3 绞杠。

如图 6-17 所示的是绞杠的主视图和立体图。

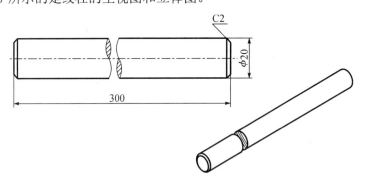

图 6-17 绞杠的缩短画法和立体图

第 1 步：设置绘图环境(参考任务一)。

第 2 步：绞杠基本结构图的画法。

(1) 在 AutoCAD 的界面空白处画一条长为 350 的水平点画线；

(2) 然后再画一条垂直的直线 AB，长度为 20，打开"对象捕捉"功能，点击垂直的直线 AB，将直线的中点移动到点画线的最右端，再将点画线向右延长一些；

(3) 将移动后的垂直直线向左偏移 300，得到直线 CD；

(4) 连接两条垂直直线的端点 AC 和 BD；

(5) 将直线 AB 再次向左偏移 150，得到直线 EF，将 EF 再向左偏移 10，得到直线 GH；

(6) 在 G 点和直线 GH 与点画线的交点 O 之间画一条圆弧；

(7) 点击"绘图"菜单栏中的"圆弧"选项，并在下拉菜单中选择"三点"；

(8) G 点为第一点，直线 GO 中点偏左的位置为第二点，O 点为第三点，连续点击这三点，就完成了圆弧；

(9) 以 GH 直线为基线，将圆弧向右镜像，将得到的两段圆弧以水平点画线为基线向下镜像；将得到的四段圆弧以直线 EF 为基线向右镜像。

这样就得到了绞杠的基本结构图，如图 6-18 所示。

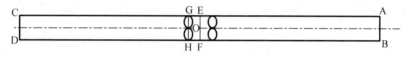

图 6-18　绞杠基本结构图

第 3 步：图形完善。

将图 6-18 中的 G 点到 H 点的四段圆弧中的左下部分圆弧去掉，将右面四段圆弧中的右上部分去掉，再删除直线 EF 和 GH。

在绞杠结构图的四个角上都加上倒角，倒角的边距为 2，并连接倒角与直线 AC 和 BD 的交点。利用"修剪"功能将多余的线段剪除掉，并在圆弧的内部加上剖面符号，就得到了绞杠的最终完善图。在该图形上加上标注并将棱角和边加粗，就得到了图 6-19，标注的方法参考任务一。

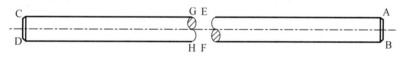

图 6-19　绞杠的主视图

任务四：千斤顶的装配图 4 顶垫。

图 6-20 所示为千斤顶顶垫的部分剖面图和立体图。

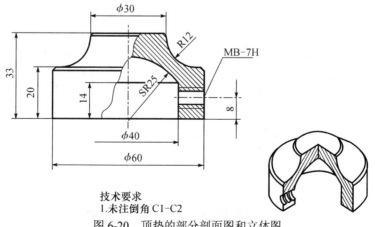

技术要求
1. 未注倒角 C1-C2
图 6-20　顶垫的部分剖面图和立体图

第1步：设置绘图环境(参考任务一)。

第2步：顶垫部分剖面图的基本结构图的画法。

(1) 在 AutoCAD 的界面空白处画一条长为 40 的垂直点画线；

(2) 然后再画一条水平的直线 AB，长度为 60，打开"对象捕捉"功能，点击水平的直线 AB，将直线的中点 O 移动到点画线的最下端，再将点画线向下延长一些；

(3) 将移动后的水平直线向上偏移 20 和 33，得到直线 EF 和 CD，连接三条水平直线的端点 AE，EC，BF 和 FD；

(4) 将直线 OH 再次向左偏移 15 和 20，得到直线 1 和 2，如图 6-21(a)。

(5) 打开"对象捕捉"功能，并将切点选项选中，点击"绘图"菜单栏中的"圆"，在下拉菜单中选择"相切，相切，半径"选项；

(6) 将光标移动到直线 EG 上，出现切点时点击鼠标左键，再将光标移动到直线 2G 上，出现切点时再次点击鼠标左键，然后在对话框中输入该圆的半径长度 12。

图中右上角处的圆可以用相同的方法画出，也可以用镜像功能画出右上角的圆。在 O 点画一个半径为 25 的圆，打开"正交"功能，鼠标点击圆心后，点击右键选择移动选项，光标下移并在对话框中输入"1"，将圆向下平移距离为"1"，同时将直线 1 和 2 以垂直点画线 OH 为基线向右镜像，就得到了顶垫的基本结构图，如图 6-21(b) 所示。

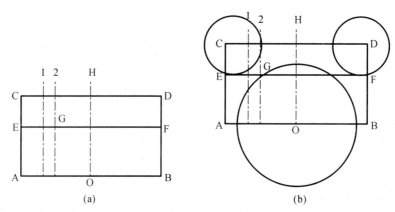

图 6-21 顶垫部分剖面图的基本结构图

第3步：加入倒角。

使用"修剪"功能，将图形做一番修剪，在图 6-21(b)中直线 2 和直线 CD 的交点处加入倒角，倒角的边距为 1，右上侧的角做相同的处理，连接倒角与两个四分之一圆弧的交点，图中的 E 点和 F 点加入边距为 2 的倒角，加入后，将倒角与直线 AE 和 BF 的交点连接。

第4步：部分剖面图的画法。

从图 6-22(a)的右上方向左下方画一条曲线，曲线的左半部分为侧视图，右半部分为剖视图。

第5步：螺孔的画法。

将直线 BG 向上偏移 8，并将偏移后的直线改成点画线，将该点画线向左右延伸一些，将之下 BG 向上偏移 4 和 4.5，将偏移后的两条直线以水平点画线为基线向上镜像，就得到了图 6-22(a)。

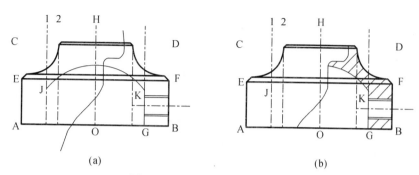

图 6-22 顶垫的部分剖面完成图

第 6 步：完善图形。

将图 6-22(a)中的垂直点画线都删除掉，将 K 点和 G 点连接，并将圆弧的上端点延伸至倒角处，用"修剪"功能将图 6-22(a)中的曲线左半部分顶垫内部的线段删除掉，将右半部分的外部线修剪掉，并在右半部分的剖面处加上剖面符号，就得到了顶垫的完整结构图，如图 6-22(b)所示。在该图形上加上标注并将棱角和边加粗，就得到了图 6-20，标注的方法参考实验四。

任务五：千斤顶的装配图 5 螺套。

图 6-23 中画的是螺套的半剖图、侧视图、牙型和立体图。

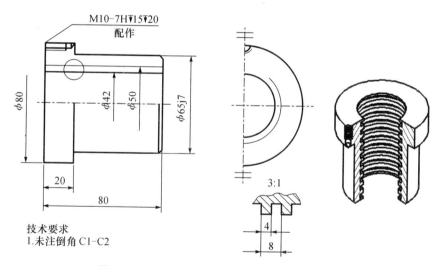

技术要求
1. 未注倒角 C1-C2

图 6-23 螺套的半剖图、侧视图、牙型和立体图

第 1 步：设置绘图环境(参考任务一)。
第 2 步：螺套半剖图基本结构的画法。
(1) 在 AutoCAD 的界面空白处画一条长为 100 的水平点画线；
(2) 然后再画一条垂直的直线 AB，长度为 80，打开"对象捕捉"功能，点击垂直的直线 AB，将直线的中点移动到点画线的最左端，再将点画线向左延长一些；

(3) 将移动后的垂直直线 AB 向右偏移 20，得到直线 CD，连接两条垂直直线 AB 和 CD 的端点得到直线 AC 和 BD；

(4) 将直线 AB 再次向右偏移 80，得到直线 EJ，连接直线 AB 和 EJ 与水平点画线的交点 O 点和 H 点；

(5) 将直线 OH 向上偏移三次，分别为 21，25 和 32.5，再将 OH 向下偏移 32.5。

就得到了螺套的基本结构图，如图 6-24(a)所示。

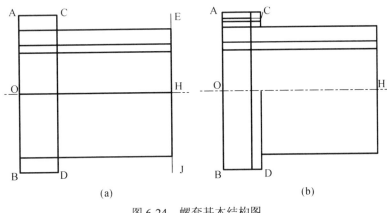

图 6-24　螺套基本结构图

第 3 步：螺套的半剖图画法。

将图 6-24(b)中的直线 AC 向下偏移 3.5 和 5，将直线 AB 向右偏移 15，在图中直角 C 上加入一个边距为 3.5 的倒角，并将图中的多余线段用"修剪"功能去除掉，就得到了螺套半剖图的基本结构图，如图 6-25 中的左图所示。

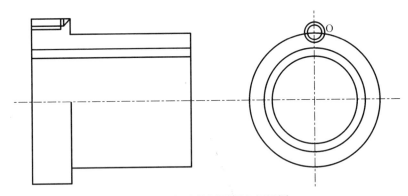

图 6-25　螺孔的剖面图和侧视图

第 4 步：螺套侧视图画法。

将半剖图的水平点画线向右延伸，在适当的位置画一条垂直的点画线，以两条点画线的交点为圆心画三个同心圆，圆的半径分别是 40，25 和 21。将半径为 40 的圆与垂直点画线上端的交点为圆心画两个同心圆，直径分别为 10 和 7，这样就得到了螺套半侧视图的基本结构图，如图 6-25 右图所示。

第 5 步：完善图形。

用"修剪"功能将图 6-25 中半剖图的水平点画线的上半部分螺套外部实线修剪掉，并在上半部分的剖面处加上剖面符号，将图 6-25 中右侧的侧视图的左半部分去掉，在图 6-26 中的直线 1 和 2 之间加上一个直径为 8 的圆，并将此处牙型的部分剖面图画在侧视图的右侧，牙型的尺寸和画法与螺旋杆中牙部的画法完全相同(参考任务二中牙部的画法)，如图 6-26 中最右侧的小图所示，并在空白处写上未标注倒角的大小，这样就得到了螺套的完整零件图，如图 6-26 所示。在该图形上加标注并将棱角和边加粗，就得到了图 6-23，标注的方法参考任务一。

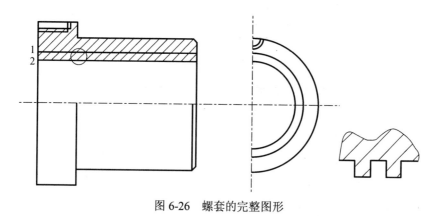

图 6-26　螺套的完整图形

四、思考与练习

(1) 画出如图 6-27、6-28、6-29、6-30、6-31、6-32 所示零件的三视图和剖视图，并标注尺寸。

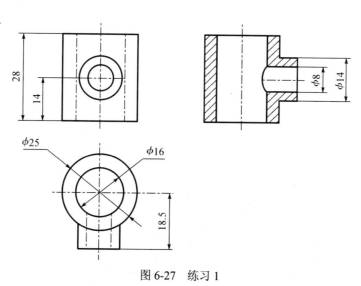

图 6-27　练习 1

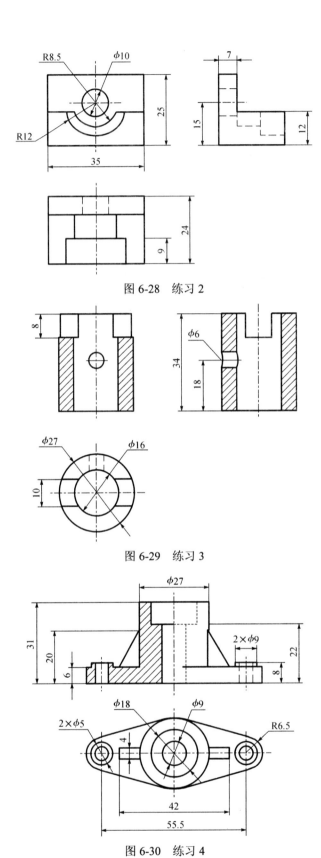

图 6-28　练习 2

图 6-29　练习 3

图 6-30　练习 4

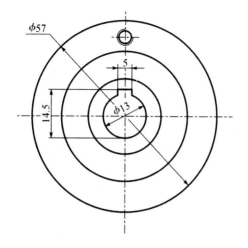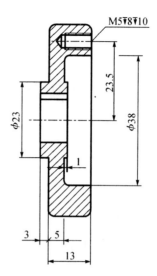

未注圆角R1.5-R2

图 6-31　练习 5

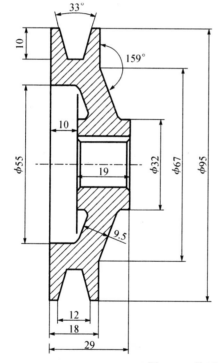

未注圆角R2-R3
未注倒角C1.5

图 6-32　练习 6

实验七　绘制电路图

导读： 电子电路一般是由电压较低的直流电源供电，通过电路中的电子元件(例如电阻、电容、电感等)、电子器件(例如二极管、晶体管、集成电路等)的工作，实现一定功能的电路。电子电路在各种电器设备和家用电器中得到广泛应用。

一、实验目的

(1) 掌握用 AutoCAD 画电路图的方法和步骤；
(2) 掌握 AutoCAD 中表格的使用以及中文字的输入和编辑；
(3) 掌握综合运用 AutoCAD 软件的能力；
(4) 熟悉各类工程图绘制的规范；
(5) 掌握各类工程图的绘制方法和常见技巧。

二、预习思考题

(1) 三极管的电路符号应该如何画？
(2) 普通电容和电解电容在功能上有什么区别？电路符号有什么区别？

三、实验内容及步骤

任务一：电路中常用元件的符号。
电路中元件的符号是构成电路图的重要部分，学会画电路元件符号是画电路图的基础。本章节重点介绍了电路中常用元件的画法及尺寸。

第1步： 设置绘图环境。

1. 建立新文件

打开 AutoCAD 应用程序，在命令行输入命令 NEW，如图 7-1 所示，或点击"菜单栏"浏览器，在菜单栏浏览器中选择"文件"→"新建"，AutoCAD 弹出"选择样板"对话框，然后在对话框中自行选择需要的样板，该实验中选择的是 acad 样板。

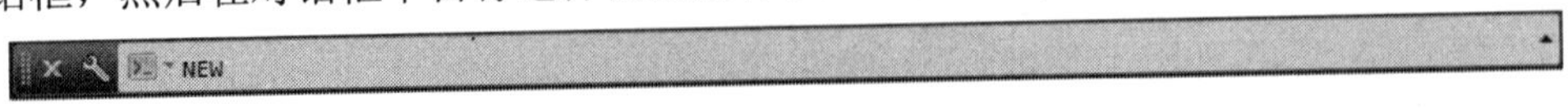

图 7-1　命令行

2. 设置图层

如图 7-2，点击"菜单栏"浏览器中的"图层栏"中左上角的"图层特性"选项，分别建立"图层 1"和"图层 2"两个新的图层，如图 7-3 所示。

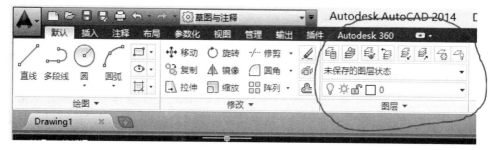

图 7-2　新建图层

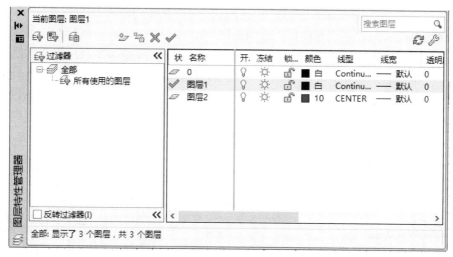

图 7-3　设置图层

第 2 步：电阻、电容、电感的画法。

1．电阻元件的画法

先选择点画线图层，在空白的面板上用点画线画一条水平长度为 6、垂直长度为 12 的十字交叉线(此时应打开正交功能)。

进入实线图层，使用"偏移"功能在水平点画线的基础上向上偏移距离为 3，向下偏移距离也是 3；在垂直点画线的基础上向左偏移距离为 1，向右偏移距离也是 1，就得到了电阻元件的框架图，如图 7-4(a)所示。

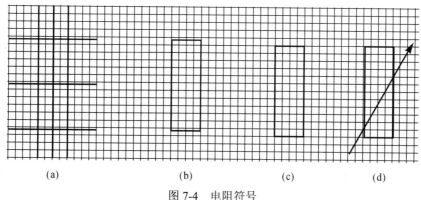

| (a) | (b) | (c) | (d) |

图 7-4　电阻符号

使用"修剪"功能在图 7-4(a)的基础上剪掉多余的线段就得到了电阻的电路符号(长为 6，宽为 2)，如图 7-4(b)所示。

【注意】 本章节中绘画的元件是为了给后续章节中的电路图使用的，而一个完整电路图的画法应该是先画出电路的结构图(后面章节会介绍)，而后将元件符号插入到结构图中，为了能够将元件快速、美观地插入到结构图中，在画元件符号时，通常会保留一部分线段，如图 7-4(c)所示，将元件插入到电路中以后，再将保留的线段修剪掉。后面的元件符号都会做这种处理，因此就不再重复解释了。

图 7-4(d)中的电阻元件称为可调电阻，它是在图 7-4(b)的基础上画出一条长度为 6，角度为 60°的带箭头的直线。下面介绍一下带箭头的直线的画法。

现将菜单栏中的"草图与注释"选项换成"AutoCAD 经典"，然后在工具栏选项板中选择"结构"选项，再选择其中的力矩连接，该步骤主要是为了画出实心的箭头，调出箭头后，将其适当的缩放为底边为 0.625 大小的箭头，然后将菜单栏中的"AutoCAD 经典"选项换成"草图与注释"，在箭头底边的中点位置，画出一条长度为 6 的水平直线。直线的左端点为 A，以 A 点位基点，将该带箭头的直线逆时针旋转 60°后就得到了想要的直线。然后将该带箭头的直线移动到电阻元件上去就得到了可调电阻，如图 7-5 所示。

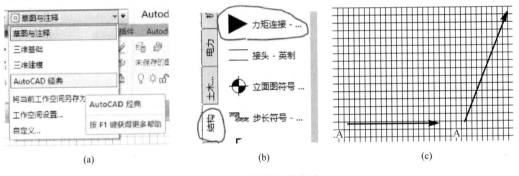

| (a) | (b) | (c) |

图 7-5 带箭头的直线

2. 电感元件的画法

先选择点画线图层，在空白的面板上用点画线画一条水平长度为 6、垂直长度为 12 的十字交叉线(此时应打开正交功能)。

进入实线图层，使用"偏移"功能在水平点画线的基础上画两条向上偏移的线段，偏移距离为 1 和 3，画两条向下偏移的线段，偏移距离也是 1 和 3；在垂直点画线的基础上画一条向右偏移的线段，偏移距离为 2，以 4 条水平实线与垂直点画线的交点处(A，B，C，D)为圆心画出 4 个半径为 1 的圆，就得到了电感元件的框架图，如图 7-6(a)所示。

使用"修剪"功能在图 7-6(a)的基础上剪掉多余的线段就得到了电感的电路符号，如图 7-6(b)所示。图 7-6(c)为保留部分线段的电感符号。

在图 7-6(b)的基础上将电感符号中的直线向右偏移 1，使用镜像功能就得到了变压器的电路符号，如图 7-6(d)所示。

在普通含铁芯的电感元件的基础上画出一条与水平夹角为 60°的带箭头的直线(长度为 8)，如图 7-6(e)所示，就得到了可调的电感，带箭头的直线的画法如图 7-5 中的 3 个步骤。

114

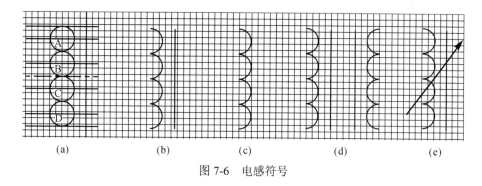

图 7-6　电感符号

图 7-6 中的电感元件符号为含有铁芯的电感，不含铁芯的电感只需将图 7-6(c)中的直线去掉就可以了。

3．电容符号的画法

先选择点画线图层，在空白的面板上用点画线画一条水平长度为 6、垂直长度为 12 的十字交叉线(此时应打开正交功能)。

进入实线图层，使用"偏移"功能在水平点画线的基础上画两条向上偏移的线段，偏移距离为 1 和 3，画两条向下偏移的线段，偏移距离也是 1 和 3；在垂直点画线的基础上各画一条向左、向右偏移的线段，偏移距离为 2，这样就得到了电容元件的框架图，如图 7-7(a)所示。

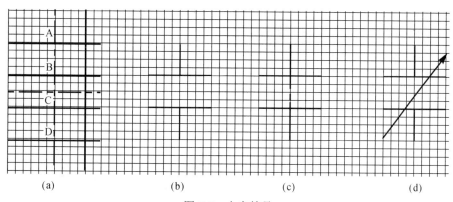

图 7-7　电容符号

使用"修剪"功能在图 7-7(a)的基础上剪掉多余的线段就得到了电容的电路符号，如图 7-7(b)所示。图 7-7(c)为保留部分线段的电容符号。

在普通电容元件的基础上画出一条与水平夹角为 60°的带箭头的直线(长度为 7)，如图 7-7(d)所示，就得到了可调电容的电路符号。

图 7-7 中的电容为普通电容，在电路中还有一种电容为电解电容。电解电容与普通电容的区别在于电解电容有极性，在图 7-7(a)的基础上，使用"偏移"功能在水平点画线的基础上画一条向下偏移的线段，偏移距离为 5，以 E 点为圆心画一个半径为 4.5 的圆，就得到了电解电容符号的结构图。

使用"修剪"功能在图 7-8(a)的基础上剪掉多余的线段就得到了电解电容的电路符号，如图 7-8(b)所示。图 7-8(c)为保留部分线段的电解电容符号。

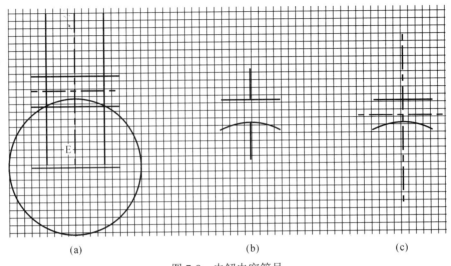

(a)   (b)   (c)

图 7-8　电解电容符号

任务二：模拟电路中常用元件的符号。

第 1 步：设置绘图环境(参考任务一)。

二极管、三极管、场效应管、集成运算放大器的画法。

1. 二极管电路符号的画法

二极管的种类很多，本章中只介绍常用的几种。

先选择点画线图层，在空白的面板上用点画线画一条水平长度为 8、垂直长度为 12 的十字交叉线(此时应打开正交功能)。

进入实线图层，使用"偏移"功能在水平点画线的基础上各画两条向上、向下偏移的线段，偏移距离为 2 和 4；在垂直点画线的基础上各画一条向左、向右偏移的线段，偏移距离为 2，连接交点 A 和 B，连接交点 A 和 C，就得到了二极管元件的框架图，如图 7-9(a)所示。

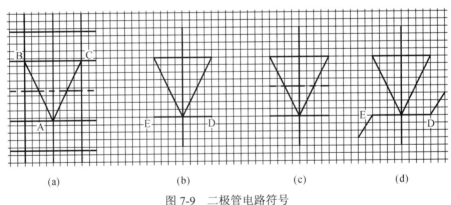

(a)   (b)   (c)   (d)

图 7-9　二极管电路符号

使用"修剪"功能在图 7-9(a)的基础上剪掉多余的线段，并将垂直的点画线变成实线，就得到了二极管的电路符号，如图 7-9(b)所示。图 7-9(c)为保留部分线段的二极管符号。

116

在图 7-9(b)中以 E 点为基础画出一条角度为 55°、长度为 1.5 的线段，以 D 点为基础画出一条角度为 125°、长度为 1.5 的线段，就得到了稳压二极管的电路符号，如图 7-9(d)所示。

2．三极管元件的画法

先选择点画线图层，在空白的面板上用点画线画一条水平长度为 12、垂直长度为 12 的十字交叉线(此时应打开正交功能)。

进入实线图层，使用"偏移"功能在水平点画线的基础上各画一条向上、向下偏移的线段，偏移距离为 2；在垂直点画线的基础上各画 3 条向左、向右偏移的线段，偏移距离为 1，2，3，直线 1 与直线 3 的交点为 B，直线 1 与直线 7 的交点为 D，直线 2 与直线 4 的交点为 A，直线 2 与直线 6 的交点为 C，直线 2 与直线 5 的交点为 E，连接交点 A 和 B，连接交点 C 和 D，以 E 点为基点向下画一条长为 2 的直线，就得到了三极管元件的框架图，(注意 C 点和 D 点的连线要画一条带箭头的直线，画法参考实验任务一中可调电阻的画法)如图 7-10(a)所示。

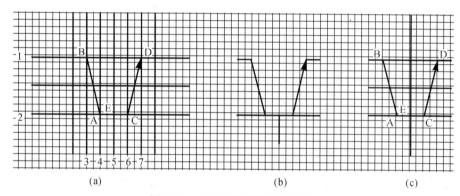

图 7-10　NPN 型三极管电路符号

使用"修剪"功能在图 7-10(a)的基础上剪掉多余的线段，就得到了三极管的电路符号，如图 7-10(b)所示。图 7-10(c)为保留部分线段的三极管符号。

3．场效应管

先选择点画线图层，在空白的面板上用点画线画一条水平长度为 12、垂直长度为 12 的十字交叉线(此时应打开正交功能)。

进入实线图层，使用"偏移"功能在水平点画线的基础上各画 4 条向上、向下偏移的线段，偏移距离为 1，2，3，4；在垂直点画线的基础上各画两条向左、向右偏移的线段，偏移距离为 1，3，如图 7-11(a)所示。

使用"修剪"功能在图 7-11(a)的基础上剪掉多余的线段，就得到了 P 沟道增强型场效应管的电路符号，如图 7-11(b)所示，ZA=2，AB=4，CD=6，EH=IF=2，OG=3。线段 AB 与线段 CD 间的水平距离为 1，线段 DC 与线段 EH 间的水平距离也为 1，如图 7-11(b)所示。

将图 7-11(b)中的线段 OG 向上、向下各偏移 0.8 和 1.2 的距离，得到图 7-11(c)，使用"修剪"功能在图 7-11(c)的基础上将线段 1 和 2 及线段 3 和 4 之间的部分剪掉，然后删除掉线段 1，2，3 和 4，就得到了耗尽型场效应管电路符号，如图 7-11(d)所示。

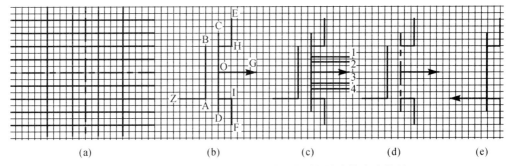

(a) (b) (c) (d) (e)

图 7-11 P 沟道增强型、道耗尽型和结型场效应管电路符号

将图 7-11(b)中的线段 AB 去掉，线段 ZA 向右拉伸到线段 CD 上，并在线段 ZA 上画一向左的箭头，再去掉线段 OG，就得到了 P 沟道结型场效应管，如图 7-11(e)所示。

4．集成运算放大器电路符号的画法

先选择点画线图层，在空白的面板上用点画线画一条水平长度为 12、垂直长度为 12 的十字交叉线(此时应打开正交功能)。

进入实线图层，使用"偏移"功能在水平点画线的基础上各画两条向上、向下偏移的线段，偏移距离为 2，3；在垂直点画线的基础上各画两条向左、向右偏移的线段，偏移距离为 3，4，如图 7-12(a)所示。直线 1 与直线 6 的交点为 B，直线 4 与直线 6 的交点为 A，水平点画线与直线 5 的交点为 C，连接交点 A 和 C，连接交点 B 和 C，以 C 点为基点向右画一条长为 2 的水平直线，就得到了集成运算放大器电路符号的框架图，如图 7-12(a)所示。

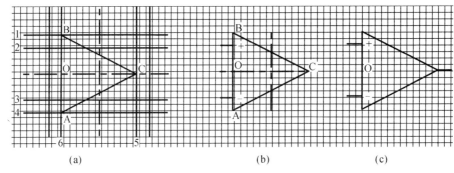

(a) (b) (c)

图 7-12 集成运算放大器电路符号

使用"修剪"功能在图 7-12(a)的基础上剪掉多余的线段，就得到了集成运算放大器的电路符号，再在图中的两个输入端添加由长度为 0.5 的直线构成的"+"和"−"号，其中线段 AB=6，OC=6，如图 7-12(b)所示。图 7-12(c)为去掉保留部分线段的集成运算放大器电路符号。

任务三：电气电路中的常用元件。

1．线圈

先选择点画线图层，在空白的面板上用点画线画一条水平长度为 12、垂直长度为 12 的十字交叉线(此时应打开正交功能)。

进入实线图层，使用"偏移"功能在水平点画线的基础上各画两条向上、向下偏移的线段，偏移距离为2，4；在垂直点画线的基础上各画一条向左、向右偏移的线段，偏移距离为4，如图7-13(a)所示。

使用"修剪"功能在图7-13(a)的基础上剪掉多余的线段，就得到了一般线圈的电路符号，符号尺寸长为4、宽为2，上下两端的引线长为1，常用符号为KM，如图7-13(b)所示。中间继电器线圈的画法和尺寸与普通线圈完全相同，但常用符号为KA。

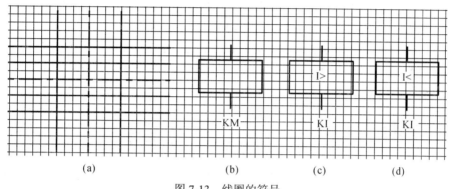

图7-13 线圈的符号

图7-14(c)和(d)分别为过电流和欠电流继电器线圈，尺寸与普通线圈相同，方框内插入的字符"I>"和"I<"高度为1。

2. 触点电路符号的画法

先选择点画线图层，在空白的面板上用点画线画一条水平长度为12、垂直长度为12的十字交叉线(此时应打开正交功能)。

进入实线图层，使用"偏移"功能在水平点画线的基础上各画两条向上、向下偏移的线段，偏移距离为2，4；在垂直点画线的基础上各画一条向左偏移的线段，偏移距离为1，直线1与直线3的交点为B，垂直点画线与直线2的交点为A，连接AB，并以直线1与垂直点画线的交点为圆心画一个半径为0.2的圆，这样就得到了常用触点的结构图，如图7-14(a)所示。

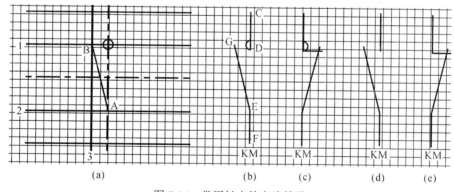

图7-14 常用触点的电路符号

使用"修剪"功能在图7-14(a)的基础上剪掉多余的线段，就得到了常开触点的电路符号，符号尺寸为CD=2.2，EF=2，半圆直径为0.4，CF=8，常用符号为KM，如图7-14(b)所示。

在图 7-14(b)的基础上，以 C 点和 F 点为基点，将直线 GE 和半圆进行镜像，然后以 D 点为基点，画一条水平向右、长度为 1.2 的直线，就得到了常闭触点的电路符号，如图 7-14(c)所示。

将图 7-14(b)和(c)中的半圆弧去掉以后就得到了常开、常闭辅助触点的电路符号，如图 7-14(d)和(e)所示。

先选择点画线图层，在空白的面板上用点画线画一条水平长度为 4、垂直长度为 8 的十字交叉线(此时应打开正交功能)。参考画常开触点的过程画出如图 7-15(a)的结构图来，其中直线 1 和直线 3 与垂直点画线的水平距离都是 1。(提示：可以先参考画常开触点的过程，先画出一个常开触点符号，然后以垂直点画线为基线进行"镜像"，再将向右偏的斜线向左"镜像")

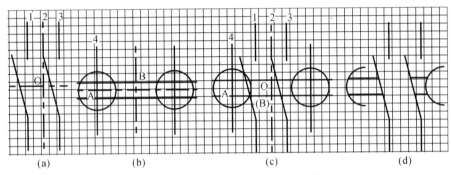

(a)   (b)   (c)   (d)

图 7-15　延迟闭合常开触点电路符号

在空白的面板上用点画线画一条水平长度为 12、垂直长度为 8 的十字交叉线(此时应打开正交功能)。进入实线图层，使用"偏移"功能在水平点画线的基础上各画一条向上、向下偏移的线段，偏移距离为 0.5；在垂直点画线的基础上画一条向左偏移的线段，偏移距离为 2.5，直线 4 与水平点画线的交点为 A，以 A 点为圆心画一个半径为 1.2 的圆，以垂直点画线为基线，如图 7-15(b)所示。

选中整体图 7-15(a)，以 O 点为基点进行移动，移动到图 7-15(b)当中的 B 点(水平点画线与垂直点画线的交点)，就得到了延迟闭合常开触点电路符号的结构图，如图 7-15(c)所示。

使用"修剪"功能在图 7-15(c)的基础上剪掉多余的线段，就得到了延迟闭合常开触点电路符号，如图 7-15(d)所示。

3．按钮符号的画法

"复制""粘贴"一个常开辅助触点，以常开辅助触点为基础，以中间斜线的中点为基点向左画一条长度为 3 的水平直线，如图 7-16(a)中的 AF，使用"偏移"功能在直线 AF 的基础上各画一条向上、向下偏移的线段，偏移距离为 1；连接 AB 点，在直线 AB 的基础上画 4 条向右偏移的线段，偏移距离分别为 0.6，1.2，1.8，2.4，这样就得到了常开按钮的结构图，如图 7-16(a)所示。

使用"修剪"功能在图 7-16(a)的基础上剪掉多余的线段，就得到了常开按钮的电路符号，如图 7-16(b)所示。

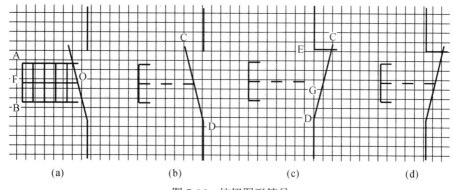

(a)   (b)   (c)   (d)

图 7-16　按钮图形符号

将图 7-16(b)中的斜线 CD 利用"镜像"功能变成向右偏斜的直线,如图 7-16(c)所示,然后将按钮部分以 G 点为基点向右平移到直线 CD 的中点,就得到了常闭按钮的电路符号,如图 7-16(d)所示。

4．热继电器和熔断器的画法

在空白的面板上用点画线画一条水平长度为 12、垂直长度为 8 的十字交叉线(此时应打开正交功能)。进入实线图层,使用"偏移"功能在水平点画线的基础上各画两条向上、向下偏移的线段,偏移距离分别为 0.5 和 1.5;在垂直点画线的基础上画 4 条向左偏移的线段,偏移距离为 1,3,4,6,然后画 3 条向右偏移的线段,偏移距离为 2,3,6,就得到了热继电器符号的结构图,如图 7-17(a)所示。

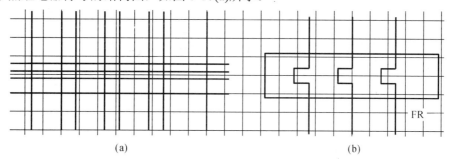

(a)   (b)

图 7-17　热继电器和熔断器

使用"修剪"功能在图 7-17(a)的基础上剪掉多余的线段,就得到了热继电器的电路符号,如图 7-17(b)。

在图 7-16(d)的基础上将最左侧的按钮部分去掉得到了图 7-18(a),在空白处画出一个如图 7-18(b)的图形,每条线段的长短均为 1,全部选中图 7-18(b)的图形,以线段 BC 的中点为基点进行"移动",将 BC 中点移动到图 7-18(a)中虚线段的左侧端点处就得到了热继电器的动断触点的电路符号,如图 7-18(c)所示。

任务四:调频器电路图。

调频器是一类应用十分广泛的电子设备。如图 7-19 所示为某调频器的电路原理图。绘制该电路图的基本思路是:先根据元器件的相对位置关系绘制线路结构图,然后分别绘制各个元器件的图形符号,将各个图形符号"安装"到线路结构图的相应位置上,最后添加注释文字,完成绘图。

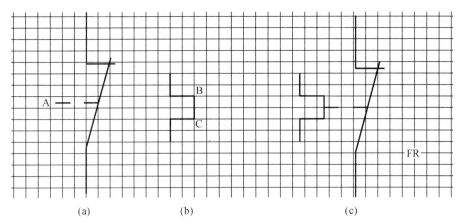

(a)　　　　　　　　(b)　　　　　　　　(c)

图 7-18　热继电器的动断触点电路符号

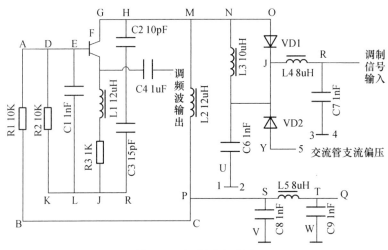

图 7-19　调频器电路图

第 1 步：设置绘图环境、建立新文件。

打开 AutoCAD 应用程序，在命令行输入命令 NEW，如图 7-20 所示，或点击"菜单栏"浏览器，在菜单栏浏览器中选择"文件"一>"新建"，AutoCAD 弹出"选择样板"对话框，然后在对话框中自行选择需要的样板，该实验中选择的是 acad 样板。

图 7-20　命令行

第 2 步：设置图层。

如图 7-21 所示，点击"菜单栏"浏览器中的"图层栏"中左上角的"图层特性"选项，分别建立"连接线层"和"实体符号层"两个新的图层，如图 7-22 所示。

通过观察图 7-19 可以知道，此图中所有的元器件之间都可以用直线表示的导线连接而成。因此绘制该电路图可以通过两个步骤完成，首先绘制线路结构图，然后在对应的位置添加元件。

图 7-21　新建图层

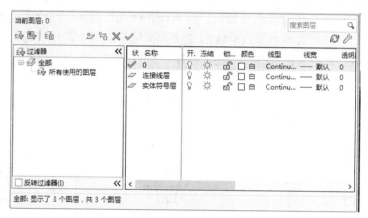

图 7-22　设置图层

第 3 步： 绘制线路结构图。

线路结构图绘制方法如下：单击绘图工具栏中的"直线"按钮，绘制一系列的水平和竖直直线，得到调频线路图的连接线。如图 7-23 所示的结构图中，各连接直线的长度如下：AB=60，AD=10，DK=50，DE=10，EF=10，EL=50，FG=10，FJ=50，GH=10，HR=60，HM=25，MP=62，MN=15，NU=58，NO=15，OJ=15，JR=20，JY=30，RZ=25，BC=60，PC=8，PS=28，SV=25，ST=2，TW=15，TQ=8。

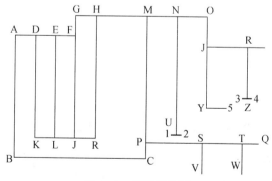

图 7-23　线路结构图

【注意】　绘制完上述连接线后，还需加上几个接地线，步骤如下：

(1) 单击"绘图"工具栏中的直线，在"对象捕捉"和"正交"绘图方式下，用鼠标捕捉"U"点，以其为起点，向左绘制长度为 2 的水平直线 1。

(2) 单击"修改"工具栏中的镜像按钮，选择直线 1 为镜像的对象，以直线 NU 为镜像线，绘制水平直线 2。直线 1，2 和 NU 共同构成接地连接线。

(3) 重复 1 和 2 的操作，绘制直线 3 和 4，它们和直线 RZ 构成另一条接地线。

(4) 用上述类似的方法绘制一条长度为 5 的直线 5。

第 4 步：插入图形符号到结构图。

绘制元件：在模板的空白处画出电阻、电容、电感、二极管和三极管元件的电路符号。(元件的画法及尺寸参考本实验中的任务一和任务二)

将绘制好的图形符号插入线路结构图。注意各图形符号的大小可能有不协调的情况，可以根据实际需要利用缩放功能来及时调整。插入过程中，结合使用对象追踪和对象捕捉等功能，将没有去掉十字点画线的二极管符号全部选中，用鼠标左键选中二极管元件的中心点 A，点击右键选择"移动"选项，然后将鼠标移动到直线 1 的中点位置 B 点(在对象捕捉选项中选中"中点")，点击鼠标左键，就可将二极管元件移动到直线 1 上，并且是在中心位置，如图 7-24(a)。其他的元件都可以使用这种方法进行移动。移动三极管的方法如图 7-24(b)，将三极管的移动点 C 点移动到直线 1 和直线 2 的交点 D 上。

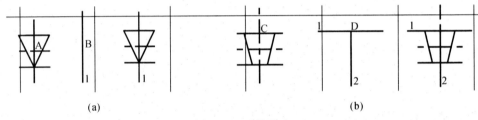

(a) (b)

图 7-24 元件移动

【注意】   AutoCAD 中对于两条相交的直线无法画出交点，因此对于相交的两条直线不需要做任何处理，如图 7-25(a)所示，如果两条直线不相交，则需要做如图 7-25(b)的处理。

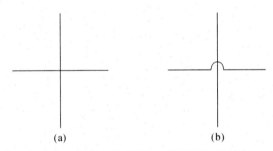

(a) (b)

图 7-25 有交点的交叉线和无交点的交叉线

第 5 步：图形修剪。

当元件插入到线路结构图上以后，单击"修改"工具栏中的"修建"选项，选中各个元件后将多余的线段剪除掉。

第 6 步：添加文字和注释。

单击"菜单栏"浏览器中的"注释"按钮，如图 7-26(a)，单击文字样式选项如图 7-26(b)，选择管理文字样式，如图 7-26(c)。

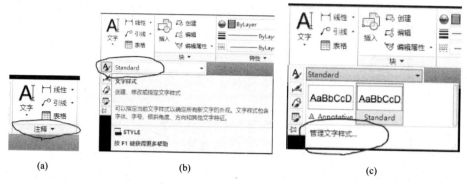

(a)　　　　　　　　(b)　　　　　　　　(c)

图 7-26　"注释"按钮设置图

第 7 步：在文字样式对话框中单击"新建"按钮，然后将样式名修改为"工程名"，如图 7-27 所示。

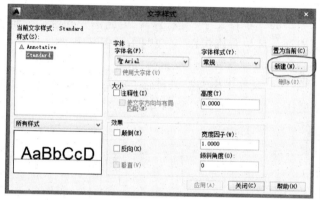

图 7-27　设置文字样式

选择"工程名"后，修改一些参数，在字体名选项中选择"宋体"，如图 7-28 所示；高度选择默认值为 0，宽度比例为 0.7，倾斜角度默认值 0，如图 7-29 所示。检查预览区文字外观，如果合适，单击"应用"和"关闭"按钮。

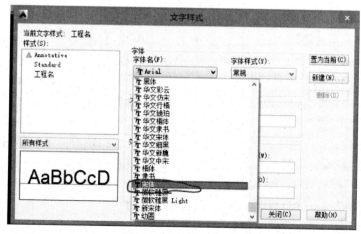

图 7-28　文字样式选择

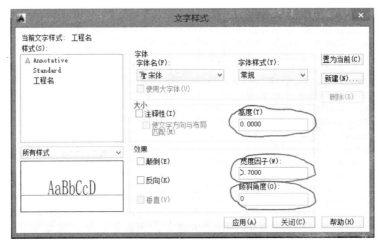

图 7-29 文字高度设置

单击注释工具栏中"文字"选项中的"单行文字"按钮，在电路图中的合适位置输入想要的文字(高度为 3，旋转角度根据具体位置确定)，完成图 7-19 所示电路。

任务五：直流稳压电路。

完成如图 7-30 所示直流稳压电路。直流稳压电源是一种将 220V 工频交流电转换成稳压输出的直流电压的装置，它由变压、整流、滤波、稳压 4 个部分构成。

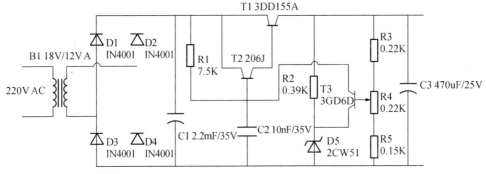

图 7-30　串联负反馈直流稳压电路

(1) 电源变压器：是降压变压器，它将电网 220V 交流电压变换成符合需要的交流电压，并送给整流电路，变压器的变比由变压器的副边电压确定。

(2) 整流电路：利用单向导电元件，把 50Hz 的正弦交流电变换成脉动的直流电。

(3) 滤波电路：可以将整流电路输出电压中的交流成分大部分加以滤除，从而得到比较平滑的直流电压。

(4) 稳压电路：稳压电路的功能是使输出的直流电压稳定，不随交流电网电压和负载的变化而变化。整流电路常采用二极管单相全波整流电路，即整流桥。u_2 的正半周内，二极管 D1、D2 导通，D3、D4 截止；u_2 的负半周内，D3、D4 导通，D1、D2 截止。正负半周内部都有电流流过负载电阻 RL，且方向是一致的。

绘制该电路图的基本思路与任务一相同，先根据元器件的相对位置关系绘制线路结构图，然后分别绘制各个元器件的图形符号，将各个图形符号"安装"到线路结构图的相应位置上，最后添加注释文字，完成绘图。

第1步：设计绘图环境(参考任务一的"设计绘图环境")。

第2步：设置图层(参考任务一的"设置图层")。

第3步：绘制线路结构图。

线路结构图绘制方法如下：单击绘图工具栏中的"直线"按钮，绘制一条水平长度为 200 的直线 AB，然后以 A 点为基点画一条长度为 50 的垂直直线 AC；利用"偏移"将直线 AB 向下偏移，偏移距离为 50，得到直线 CD，如图 7-31 所示。

图 7-31　画直线

以 AC 为基线，使用"偏移"功能，偏移距离为 15，向右连续偏移 12 次，向左偏移 2 次，如图 7-32 所示。

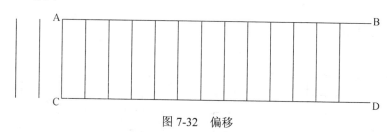

图 7-32　偏移

以 AB 为基线，使用"偏移"功能，偏移距离为 8，向下连续偏移 4 次，得到直线 1，2，3，4，并将直线 2 和 4 向左拉伸，拉伸距离为 50，如图 7-33 所示。

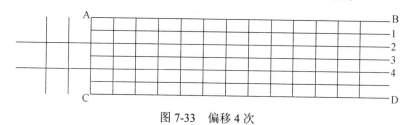

图 7-33　偏移 4 次

使用"修剪"功能将多余的线段剪除掉就得到了串联负反馈直流稳压电路的结构图，如图 7-34 所示。

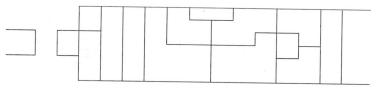

图 7-34　串联负反馈直流稳压电路结构图

第4步： 电路中元件的画法(参考任务一)。

第5步： 插入图形符号到结构图(参考任务一)。

第6步： 添加文字和注释(参考任务一的"添加文字和注释")。

四、思考与练习

(1) 模拟电路元件。

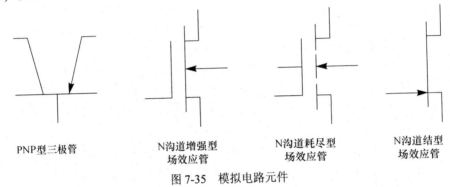

PNP型三极管　　　　N沟道增强型　　　N沟道耗尽型　　　N沟道结型
　　　　　　　　　　场效应管　　　　　场效应管　　　　　场效应管

图 7-35　模拟电路元件

(2) 低压电器元件符号。

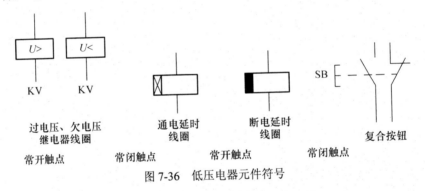

过电压、欠电压　　　通电延时　　　　断电延时　　　　复合按钮
继电器线圈　　　　　线圈　　　　　　线圈

常开触点　　　　常闭触点　　　　常开触点　　　常闭触点

图 7-36　低压电器元件符号

(3) 绘制如图 7-37 所示多级放大电路的电路图。

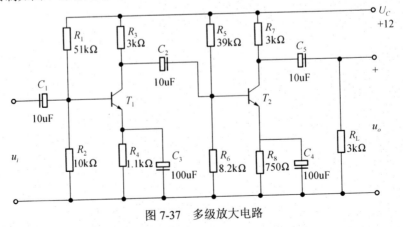

图 7-37　多级放大电路

(4) 绘制如图 7-38 所示低频提升放大电路。

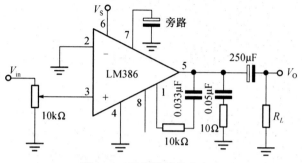

图 7-38　低频提升放大电路

(5) 绘制如图 7-39 所示集成运算放大器。

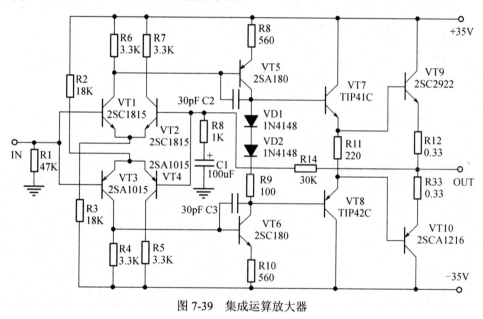

图 7-39　集成运算放大器

实验八　综合练习

导读：综合训练主要是综合绘图能力训练，对用户在前面学习的知识进行灵活应用，掌握各种绘图的技巧。在实际应用中，需要绘制机械装配图、建筑施工图等综合图样，因此本章将结合 AutoCAD 的基本知识和基本概念编写绘制电气图。

一、实验目的

(1) 训练各种绘图命令和编辑命令的使用方法及命令参数含义；
(2) 掌握电气图基本绘制方法；
(3) 熟悉并掌握电气图绘制技巧。

二、预习思考题

【知识点一：主要功能】　为了保证一次设备运行的可靠与安全，需要有许多辅助电气设备为之服务，能够实现某项控制功能的若干个电器组件的组合，称为控制回路或二次回路。这些设备要有以下功能：

(1) 自动控制功能。高压和大电流开关设备的体积是很大的，一般都采用操作系统来控制分、合闸，特别是当设备出了故障时，需要开关自动切断电路，要有一套自动控制的电气操作设备，对供电设备进行自动控制。

(2) 保护功能。电气设备与线路在运行过程中会发生故障，电流(或电压)会超过设备与线路允许工作的范围与限度，这就需要一套检测这些故障信号并对设备和线路进行自动调整(断开、切换等)的保护设备。

(3) 监视功能。电是眼睛看不见的，一台设备是否带电或断电，从外表看无法分辨，这就需要设置各种视听信号，如灯光和音响等，对一次设备进行电气监视。

(4) 测量功能。灯光和音响信号只能定性地表明设备的工作状态(有电或断电)，如果想定量地知道电气设备的工作情况，还需要有各种仪表测量设备，测量线路的各种参数，如电压、电流、频率和功率的大小等。

在设备操作与监视当中，传统的操作组件、控制电器、仪表和信号等设备大多可被电脑控制系统及电子组件所取代，但在小型设备和就地局部控制的电路中仍有一定的应用范围。这也都是电路实现微机自动化控制的基础。

【知识点二：系统主要组成】　常用的控制线路的基本回路由以下几部分组成：
(1) 电源供电回路。供电回路的供电电源有交流 AC380V、220V 和直流 24V 等多种。
(2) 保护回路。保护(辅助)回路的工作电源有单相 220V(交流)、36V(直流)或 24V(直流)、12V(直流)等多种，对电气设备和线路进行短路、过载和失压等各种保护，由熔断器、热继电器、失压线圈、整流组件和稳压组件等保护组件组成。

(3) 信号回路。能及时反映或显示设备和线路正常与非正常工作状态信息的回路，如不同颜色的信号灯，不同声响的音响设备等。

(4) 自动与手动回路。电气设备为了提高工作效率，一般都设有自动环节，但在安装、调试及紧急事故的处理中，控制线路中还需要设置手动环节，用于调试。通过组合开关或转换开关等实现自动与手动方式的转换。

(5) 制动停车回路。切断电路的供电电源，并采取某些制动措施，使电动机迅速停车的控制环节，如能耗制动、电源反接制动，倒拉反接制动和再生发电制动等。

(6) 自锁及闭锁回路。启动按钮松开后，线路保持通电，电气设备能继续工作的电气环节叫自锁环节，如接触器的动合触点串联在线圈电路中。两台或两台以上的电气装置和组件，为了保证设备运行的安全与可靠，只能一台通电启动，另一台不能通电启动的保护环节，叫闭锁环节。如：两个接触器的动断触点分别串联在对方线圈电路中。

【知识点三：系统视图】

电气控制系统图是电气线路安装、调试、使用与维护的理论依据，主要包括电气原理图、电气安装接线图、电器元件布置图。如图 8-1 所示为电气控制图，其中系统中所用各电气设备的电气控制原理，用以指导电气设备的安装和控制系统的调试运行工作。

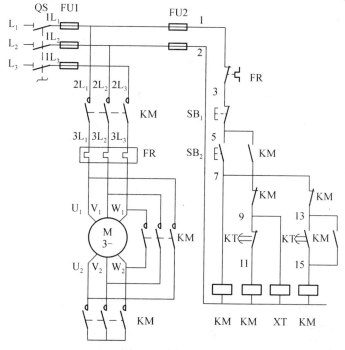

图 8-1　电气控制图

【知识点四：电气控制系统图阅读方法】

1．先读机，后读电

先读机，就是应该先了解生产机械的基本结构、运行情况、工艺要求和操作方法，以便对生产机械的结构及其运行情况有总体了解。后读电，就是在了解机械的基础上进而明确对电力拖动的控制要求，为分析电路做好前期准备。

2．先读主，后读辅

先读主，就是先从主回路开始读图。首先，要看清楚机床设备由几台电动机拖动，各台电动机的作用，结合加工工艺与主电路，分析电动机是否有降压启动，有无正反转控制，采用何种制动方式。其次，要弄清楚用电设备是由什么电气元件控制的，有的用刀开关或组合开关手动控制，有的用按钮加接触器或继电器自动控制。

3．化整为零、集零为整

最后进行总体检查，先经过"化整为零"，逐步分析每一局部电路的工作原理以及各部分之间的控制关系后，再用"集零为整"的方法检查整个控制线路，以免遗漏。特别要从整体角度去进一步检查和理解各控制环节之间的联系。

三、实验内容及步骤

任务一：恒温烘房电气控制图。

如图 8-2 所示为某恒温烘房的电气控制图，它主要由供电线路、3 个加热区及风机组成。其绘制思路为：先根据图样结构绘制出主要的连接线，然后依次绘制各主要的电器元件，之后将各个电器元件分别插入合适位置组成 3 个加热区和循环风区。最后将各部分组合，即完成图样绘制。

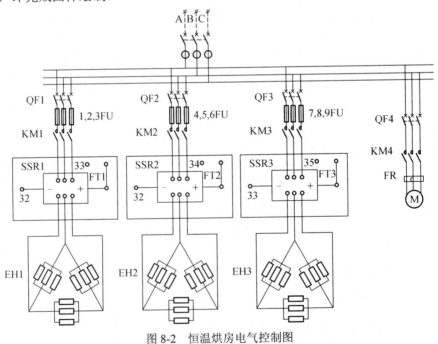

图 8-2　恒温烘房电气控制图

第 1 步：设置绘图环境。

1．建立新文件

打开 AutoCAD 应用程序，在命令行输入命令 NEW，如图 8-3 所示，或点击"菜单栏"浏览器，在菜单栏浏览器中选择"文件"—>"新建"，AutoCAD 弹出"选择样板"对话框，然后在对话框中自行选择需要的样板，该实验中选择的是 acad 样板。

图 8-3　新文件

2．设置图层

如图 8-4 所示，点击"菜单栏"浏览器中的"图层栏"中左上角的"图层特性"选项，分别建立"连接线层"和"实线层"两个新的图层，如图 8-5 所示。

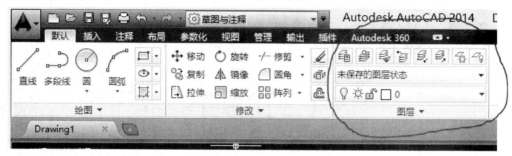

图 8-4　新建图层

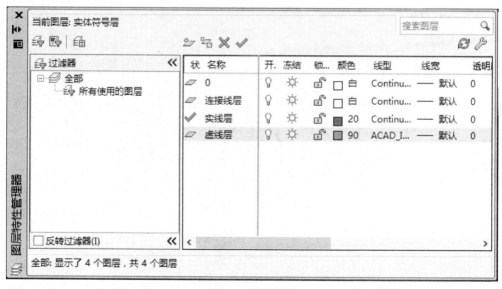

图 8-5　设置图层

通过观察图 8-1 可以知道，此图中所有的元器件之间都可以用直线表示的导线连接而成。因此绘制该电路图可以通过两个步骤完成，首先绘制线路结构图，然后在对应的位置添加元件。

第 2 步：绘制线路结构图。

线路结构图绘制方法如下：单击绘图工具栏中的"直线"按钮，绘制一系列的水平和竖直直线，最基础的结构图如图 8-6(a)所示；在最基础结构图的基础上对图中的水平

133

直线向下偏移，垂直的直线进行水平偏移后得到结构图，如图 8-6(b)所示；然后再利用修剪功能得到恒温烘房电气控制电路的图样布局，如图 8-6(c)所示。

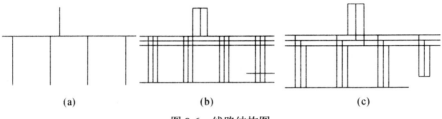

图 8-6　线路结构图

第 3 步：绘制各个电气元件。

1．绘制固态继电器

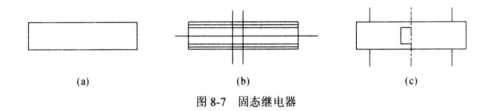

图 8-7　固态继电器

2．绘制风机

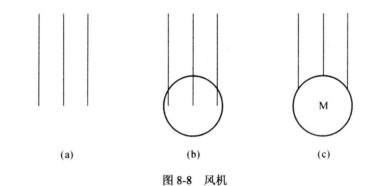

图 8-8　风机

3．绘制加热区

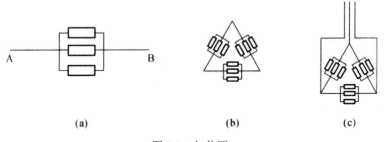

图 8-9　加热区

4．绘制热继电器

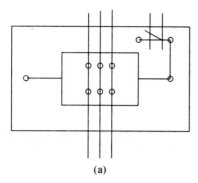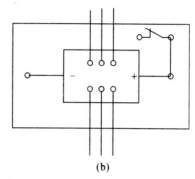

(a)   (b)

图 8-10　热继电器

5．绘制三刀单掷开关和三相继电器触点开关

第 4 步：添加文字和注释。

单击"菜单栏"浏览器中的"注释"按钮，如图 8-12 所示。单击文字样式选项，如图 8-13 所示。选择管理文字样式，如图 8-14 所示。

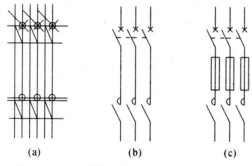

(a)   (b)   (c)

图 8-11　三刀单掷开关和三相继电器触点开关

图 8-12　"注释"按钮

图 8-13　单击文字样式

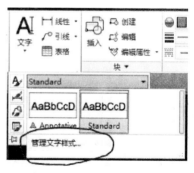

图 8-14　管理文字样式

在文字样式对话框中单击"新建"按钮，如图 8-15 所示，弹出如图 8-16 所示窗口，然后将样式名修改为"工程名"。

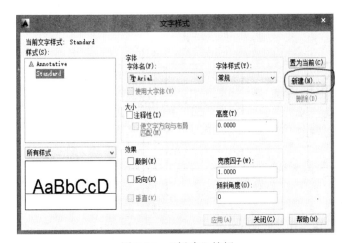

图 8-15 "新建"按钮

图 8-16 样式名修改

选择"工程名"后，修改一些参数，在字体名选项中选择"宋体"，如图 8-17 所示；高度选择默认值为 0，宽度比例为 0.7，倾斜角度默认值为 0，如图 8-18 所示。检查预览区文字外观，如果合适，单击"应用"和"关闭"按钮。

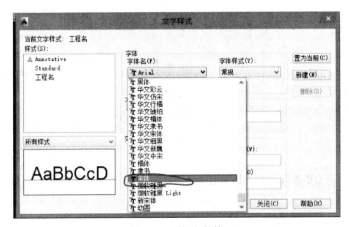

图 8-17 修改参数

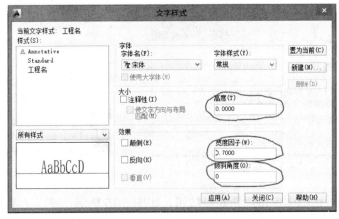

图 8-18 文字样式

单击注释工具栏中"文字"选项中的"多行文字"按钮,在电路图中的合适位置输入想要的文字。最后就得到了图 8-1 的电路。

任务二:三相异步电机全电压起停、点动控制电路。

为了使电动机能够按照设备的要求运转,需要对电动机进行控制。电动机的控制电路通常由电动机、控制电器、保护电器与生产机械及传动装置组成。传统的电动机控制系统主要由各种低压电器组成,称为继电器—接触器控制系统。如图 8-19 所示为一个最简单的三相电动机控制电路。用一个闸刀开关控制电动机的起动和停机,用三相熔断器对电动机进行短路保护,这个简单的电路就具有对电动机进行控制和保护的基本功能,但只能进行手动控制。自动控制电路由各种开关、继电器、接触器等电器组成,它能够根据人所发出的控制指令信号,实现对电动机的自动控制、保护和监测等功能。所谓"起动",是指电动机通电后转速从零开始逐渐加速到正常运转的过程。 异步电动机在开始起动的瞬间,定子绕组已接通电源,而转子因惯性仍未转动起来,此刻 $n=0$,$s=1$,转子绕组感应出很大的电流,定子绕组的起动电流也可达到额定电流的 $5\sim7$ 倍。虽然起动时转子电流很大,但因为转子功率因数最低,所以起动转矩并不大,最大也只有额定转矩的 2 倍左右。因此,异步电动机起动的主要问题是:起动电流大而起动转矩并不大。

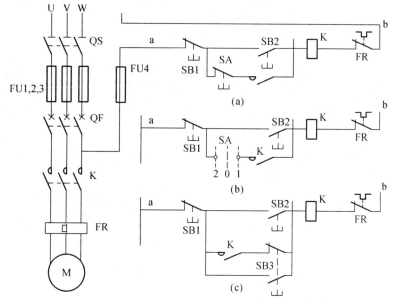

图 8-19   三相异步电机全电压起停、点动控制电路

在正常情况下,异步电动机的起动时间很短(一般为几秒到十几秒),短时间的起动大电流一般不会对电动机造成损害(但对于频繁起动的电动机则需要注意起动电流对电动机工作寿命的影响),但它会在电网上造成较大的电压降从而使供电电压下降,影响在同一电网上其他用电设备的正常工作,同时又会造成正在起动的电动机起动转矩减小、起动时间延长甚至无法起动。 另一方面,由于异步电动机的起动转矩不大,因此有的用异步电动机拖动的机械可让电动机先空载或轻载起动,待升速后再用机械离合器加上负载。但有的设备(如起重机械)要求电动机能带负载起动,因此要求电动机有较大的起动转矩。

但过大的起动转矩又可能会使电动机加速过猛，使机械传动机构受到冲击而容易损坏，所以有时又要求电动机在起动时先减小其起动转矩，以消除转动间隙，然后再过渡到所需的起动转矩有载起动。综上所述，对异步电动机起动的基本要求是：在保证有足够的起动转矩的前提下尽量减小起动电流，并尽可能采取简单易行的起动方法。

绘制该电路图的基本思路与任务一相同，先根据元器件的相对位置关系绘制线路结构图，然后分别绘制各个元器件的图形符号，将各个图形符号"安装"到线路结构图的相应位置上，最后添加注释文字，完成绘图。

第1步：设置绘图环境(参考任务一的绘图环境设置)。

第2步：绘制线路结构图。

线路结构图绘制方法如下：单击绘图工具栏中的"直线"按钮，绘制一系列的水平和竖直直线，得到串联负反馈直流稳压电路图的连接线。如图 8-20 所示的结构图中，各连接直线的长度可以根据图 8-19 自行设定。

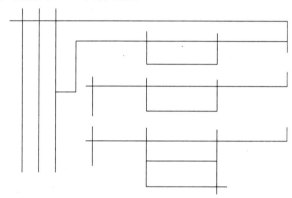

图 8-20　三相异步电机全电压起停、点动控制电路结构图

第3步：绘制电路中元件。

1．电机、熔断器、线圈和触点

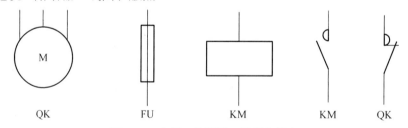

QK　　　　　FU　　　　　KM　　　　　KM　　　QK

图 8-21　电机、熔断器、线圈和触点

2．各种常用开关

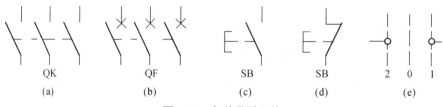

(a)　　　　　(b)　　　　　(c)　　　(d)　　　(e)

图 8-22　各种常用开关

138

3．热继电器和热继电器常闭触点

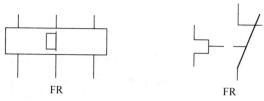

图 8-23　热继电器和热继电器常闭触点

第 4 步：插入图形符号到结构图。

将绘制好的各图形符号插入线路结构图，注意各图形符号的大小可能有不协调的情况，可以根据实际需要利用缩放功能来及时调整，插入过程中，结合使用对象追踪和对象捕捉等功能，点击右键选择"移动"选项。

第 5 步：添加文字和注释(参考任务一的"添加文字和注释")。

四、思考与练习

(1) 绘制如图 8-24 所示电机控制电路。

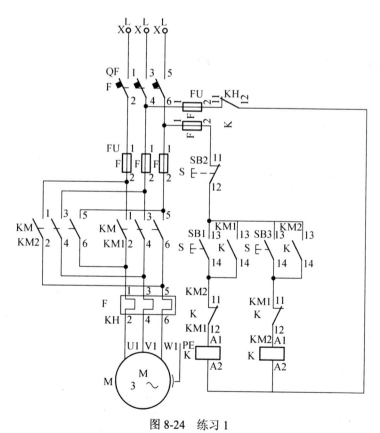

图 8-24　练习 1

(2) 绘制如图 8-25 所示锅炉引风机电路。

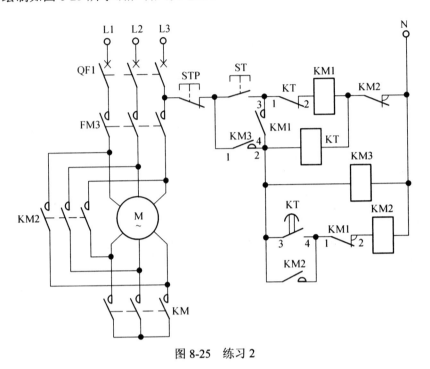

图 8-25　练习 2

(3) 绘制如图 8-26 所示电机正反转电路。

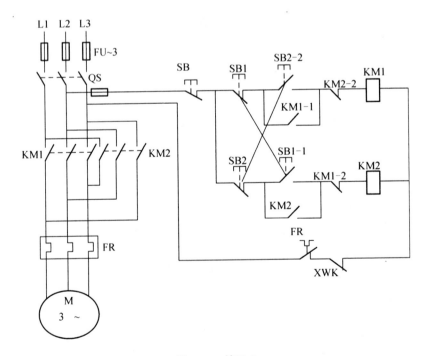

图 8-26　练习 3

(4) 绘制如图 8-27 所示 PLC 控制水泵电机电路。

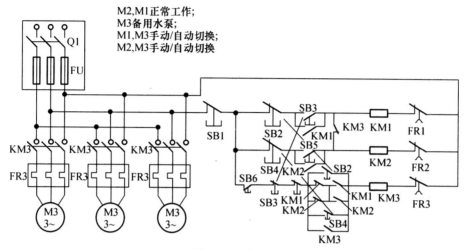

图 8-27 练习 4

第二部分 《工程制图》习题答案

第 1 章 制图的基本知识

1-1 用 1:1 完成斜度、锥度、椭圆及圆弧连接的几何作图

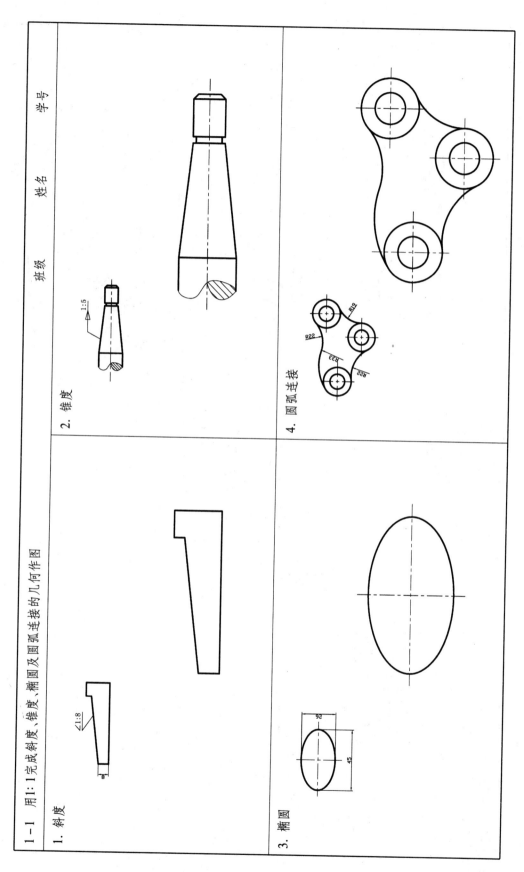

1. 斜度

2. 锥度

3. 椭圆

4. 圆弧连接

班级　　姓名　　学号

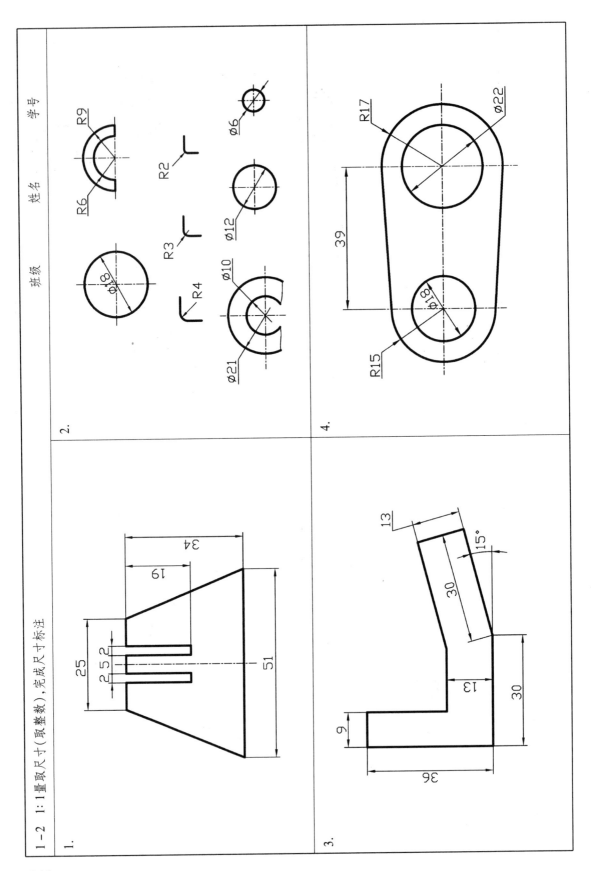

1-2 1:1量取尺寸（取整数），完成尺寸标注

1.

2.

3.

4.

班级　　姓名　　学号

146

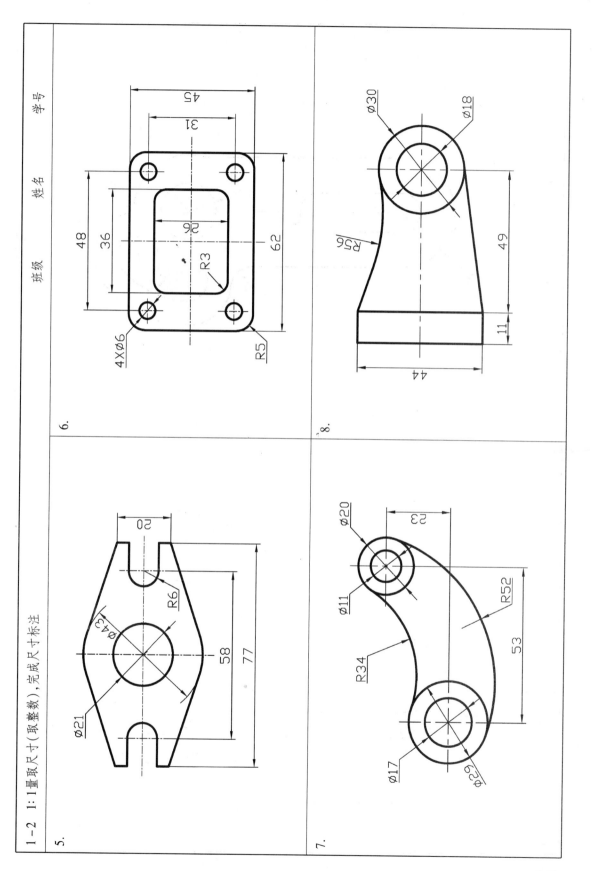

1-2 1：1量取尺寸（取整数），完成尺寸标注

5.

6.

7.

8.

班级　　　　姓名　　　　学号

147

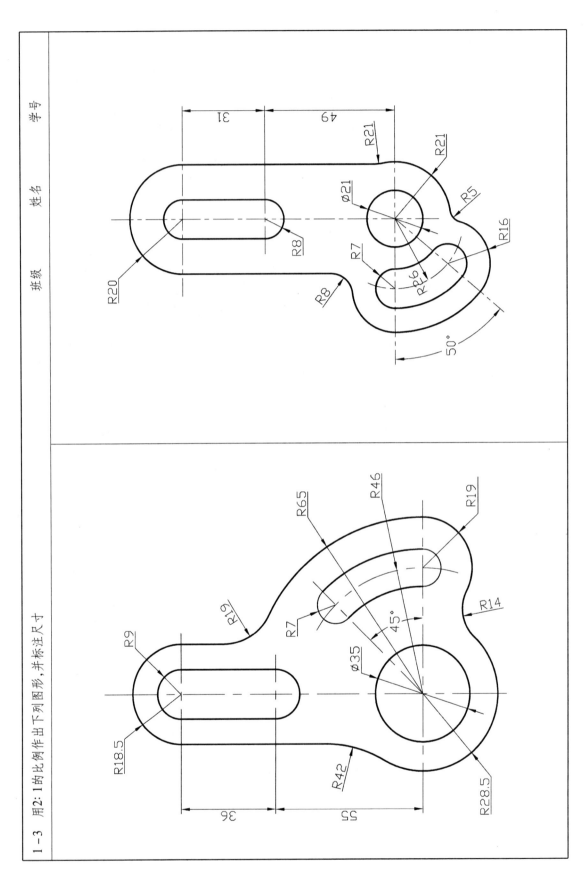

1－3　用2：1的比例作出下列图形，并标注尺寸

148

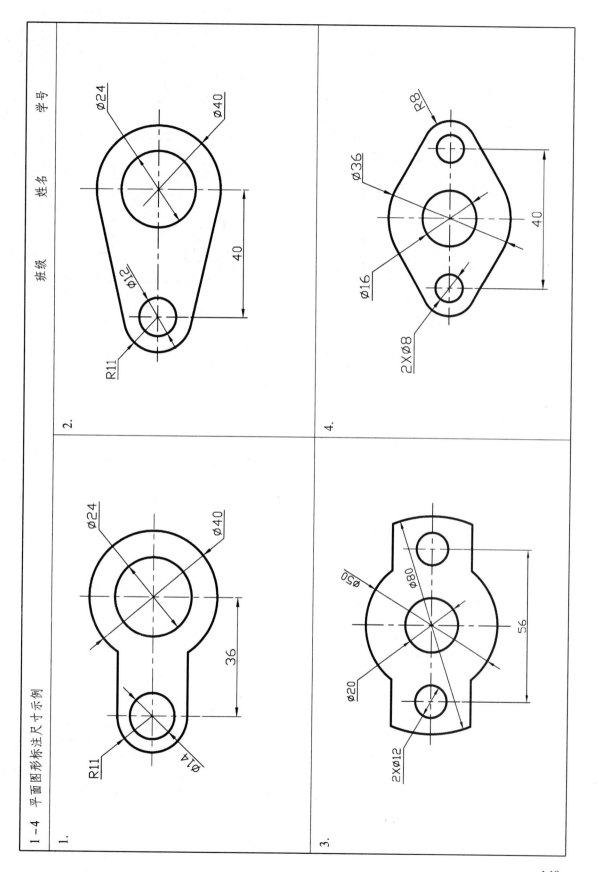

1-4 平面图形标注尺寸示例   班级   姓名   学号

1.

∅24
∅40
R11
∅14
36

2.

∅24
∅40
∅12
R11
40

3.

∅50
∅80
∅20
2×∅12
56

4.

R8
∅36
∅16
2×∅8
40

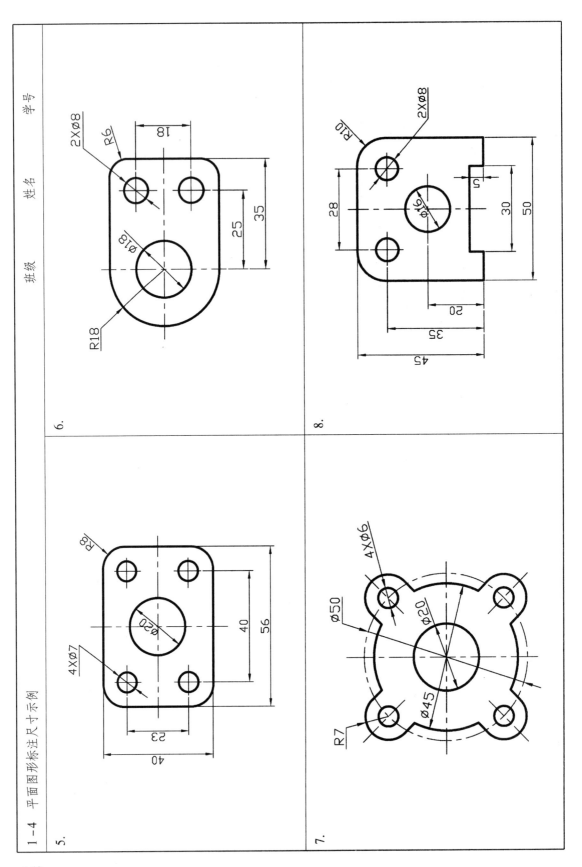

1-4 平面图形标注尺寸示例

班级　　　姓名　　　学号

5.

6.

7.

8.

150

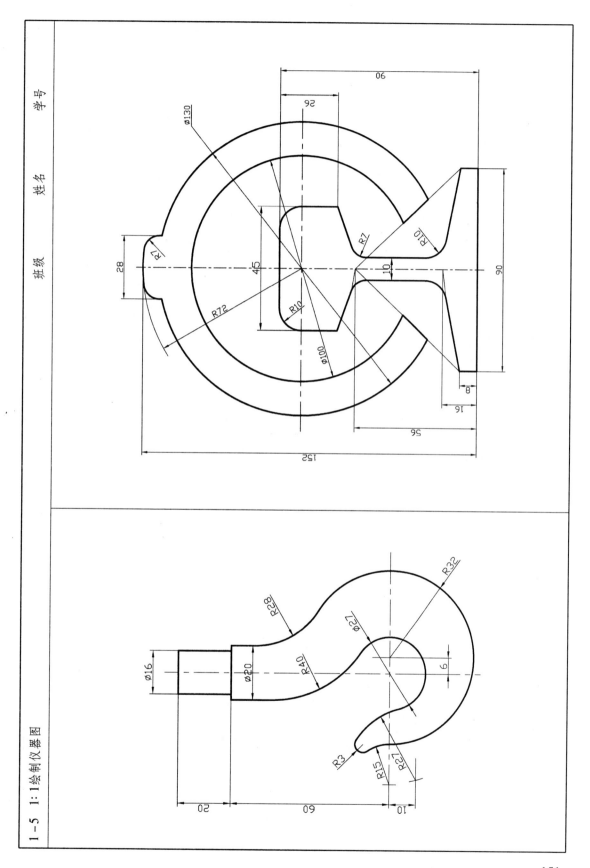

班级　　姓名　　学号

1-5　1:1绘制仪器图

151

第 2 章 点、线、面的投影

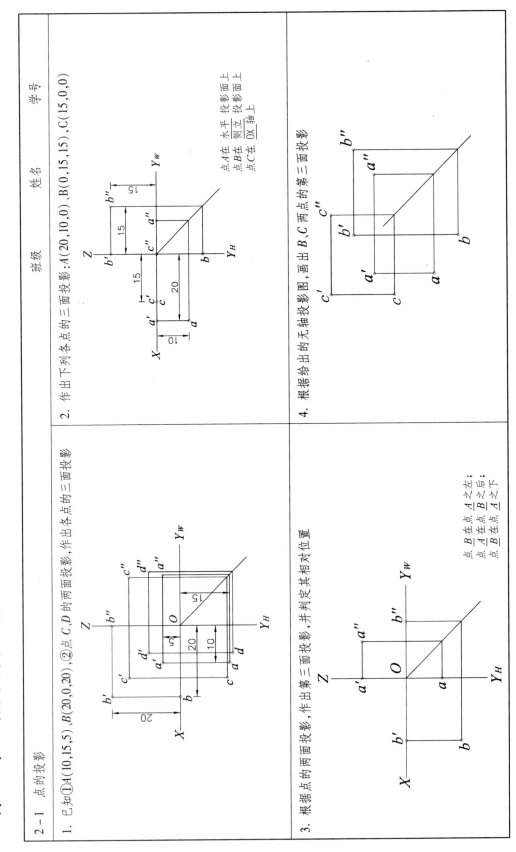

2 - 1 点 的 投 影

1. 已知①$A(10,15,5)$,$B(20,0,20)$,②点 C,D 的两面投影,作出各点的三面投影

2. 作出下列各点的三面投影:$A(20,10,0)$,$B(0,15,15)$,$C(15,0,0)$

点 A 在 水平 投影面上
点 B 在 侧立 投影面上
点 C 在 OX 轴上

3. 根据点的两面投影,作出第三面投影,并判定其相对位置

点 B 在点 A 之左;
点 A 在点 B 之后;
点 B 在点 A 之下

4. 根据给出的无轴投影图,画出 B,C 两点的第三面投影

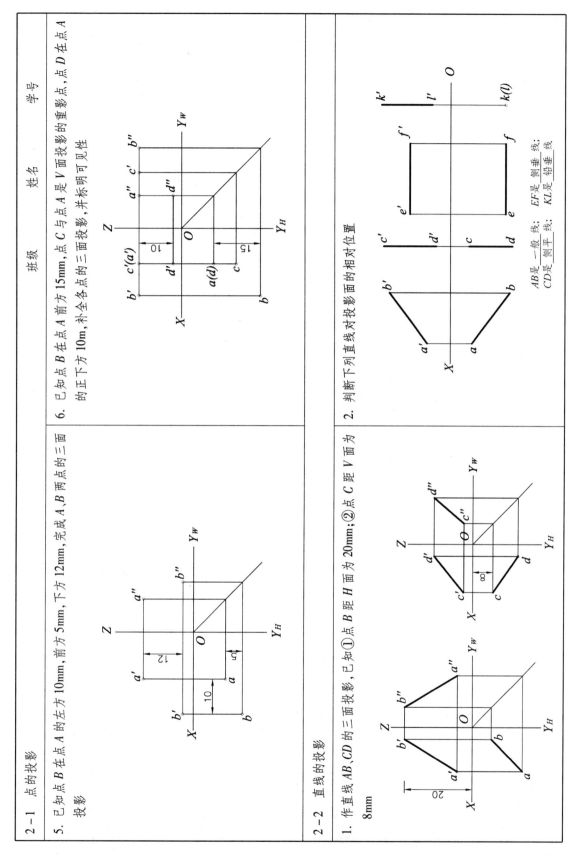

班级　　　姓名　　　学号

2−1　点的投影

5. 已知点 B 在点 A 的左方 10mm，前方 5mm，下方 12mm，完成 A，B 两点的三面投影。

6. 已知点 B 在点 A 前方 15mm，点 C 与点 A 是 V 面投影的重影点，点 D 在点 A 的正下方 10m，补全各点的三面投影，并标明可见性。

2−2　直线的投影

1. 作直线 AB，CD 的三面投影，已知①点 B 距 H 面为 20mm；②点 C 距 V 面为 8mm

2. 判断下列直线对投影面的相对位置

AB 是＿一般＿线；　*EF* 是＿侧垂＿线；
CD 是＿侧平＿线；　*KL* 是＿铅垂＿线；

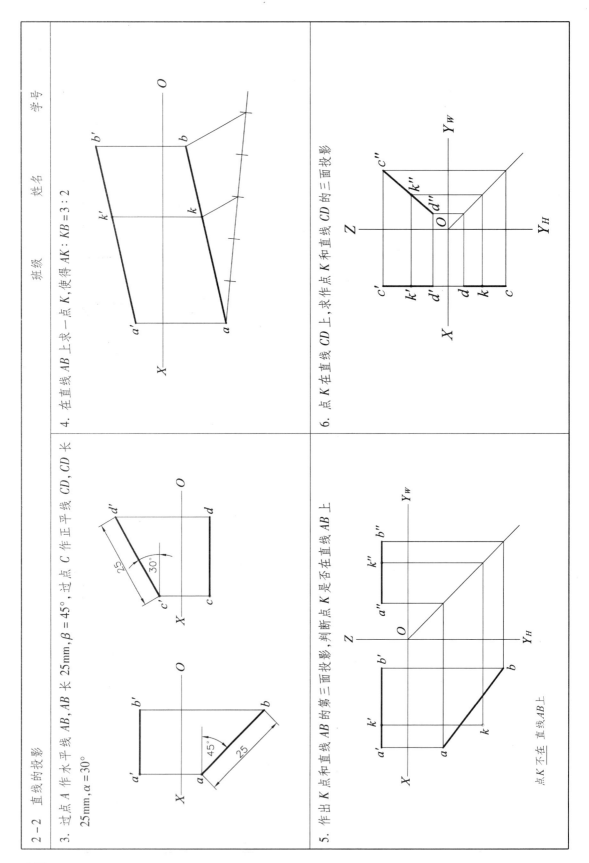

2-2 直线的投影

班级　　姓名　　学号

3. 过点 A 作水平线 AB, AB 长 25mm, β = 45°, 过点 C 作正平线 CD, CD 长 25mm, α = 30°

4. 在直线 AB 上求一点 K, 使得 AK: KB = 3: 2

5. 作出 K 点和直线 AB 的第三面投影, 判断点 K 是否在直线 AB 上

点 K 不在 直线 AB 上

6. 点 K 在直线 CD 上, 求作点 K 和直线 CD 的三面投影

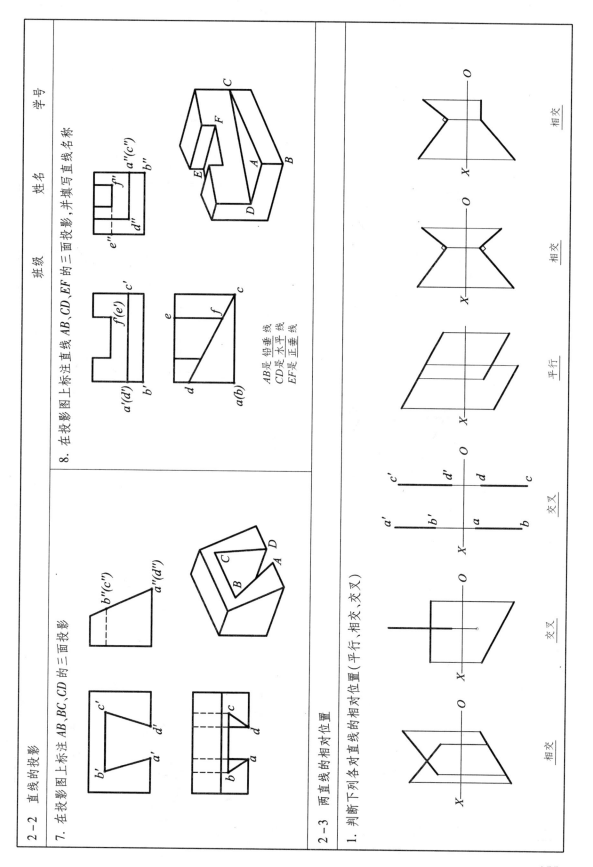

班级　　姓名　　学号

2-2　直线的投影

7. 在投影图上标注 AB、BC、CD 的三面投影

8. 在投影图上标注直线 AB、CD、EF 的三面投影，并填写直线名称

AB是　铅垂　线
CD是　水平　线
EF是　正垂　线

2-3　两直线的相对位置

1. 判断下列各对直线的相对位置（平行、相交、交叉）

相交　　　交叉　　　交叉

平行　　　相交

相交　　　交叉

155

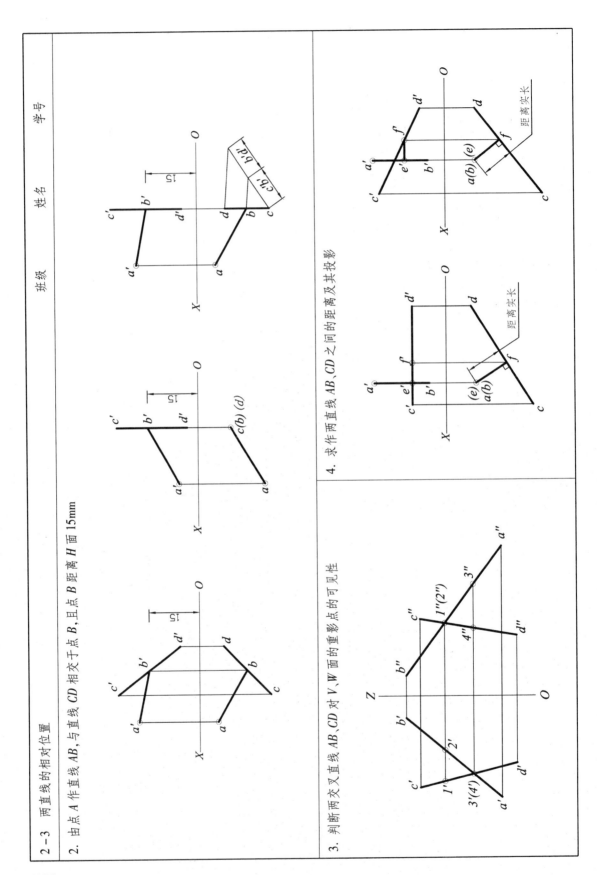

2 - 3　两直线的相对位置

2. 由点 A 作直线 AB, 与直线 CD 相交于点 B, 且点 B 距离 H 面 15mm

15

3. 判断两交叉直线 AB, CD 对 V, W 面的重影点的可见性

4. 求作两直线 AB, CD 之间的距离及其投影

距离实长

距离实长

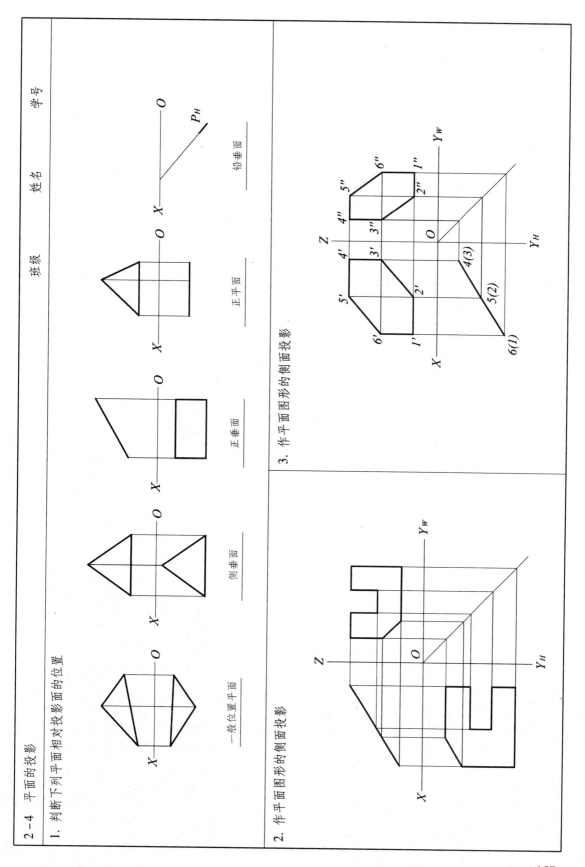

2-4 平面的投影

班级　　姓名　　学号

1. 判断下列平面相对投影面的位置

一般位置平面　　侧垂面　　正垂面　　正平面　　铅垂面

2. 作平面图形的侧面投影

3. 作平面图形的侧面投影

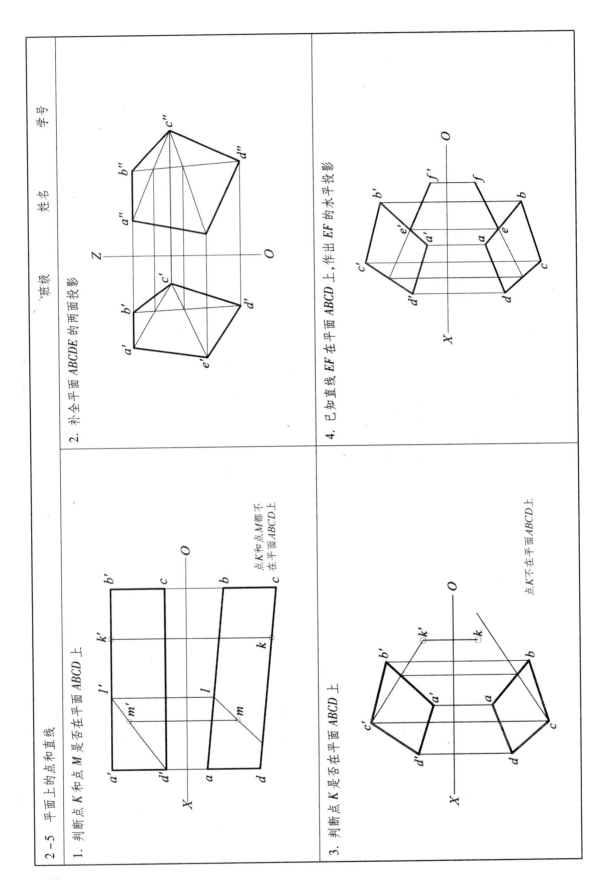

2-5 平面上的点和直线

1. 判断点 K 和点 M 是否在平面 ABCD 上

点 K 和点 M 都不在平面 ABCD 上

2. 补全平面 ABCDE 的两面投影

3. 判断点 K 是否在平面 ABCD 上

点 K 不在平面 ABCD 上

4. 已知直线 EF 在平面 ABCD 上，作出 EF 的水平投影

班级　　　姓名　　　学号

158

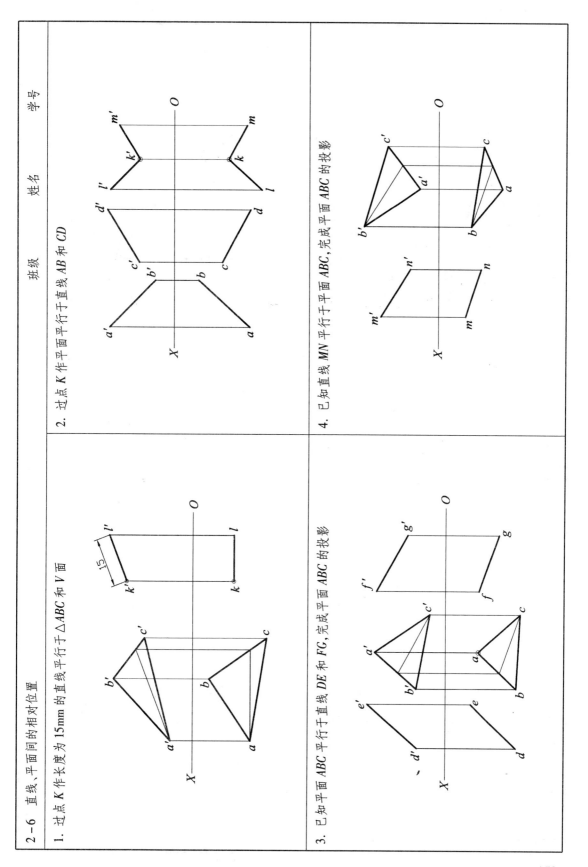

2-6 直线、平面间的相对位置   班级   姓名   学号

1. 过点 K 作长度为 15mm 的直线平行于 △ABC 和 V 面

2. 过点 K 作平面平行于直线 AB 和 CD

3. 已知平面 ABC 平行于直线 DE 和 FG，完成平面 ABC 的投影

4. 已知直线 MN 平行于平面 ABC，完成平面 ABC 的投影

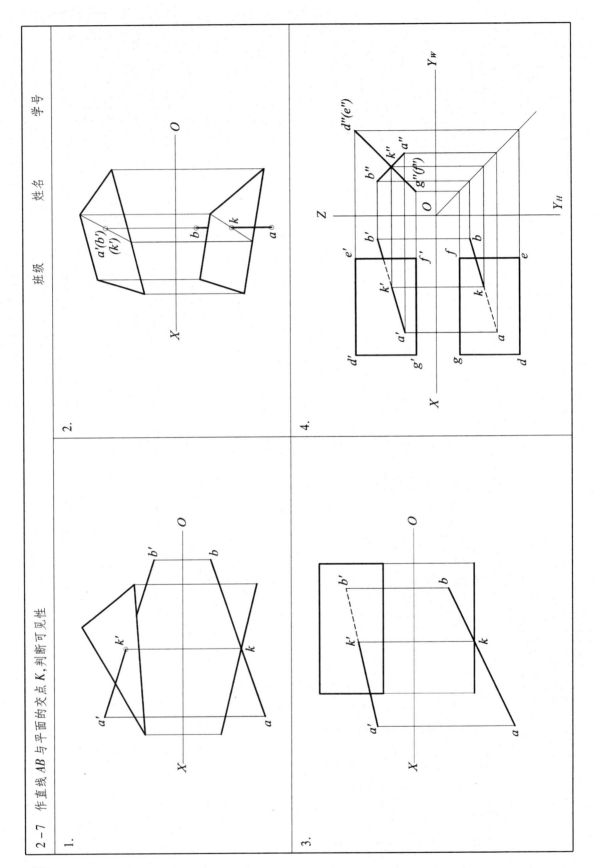

2-7 作直线 AB 与平面的交点 K，判断可见性

1.

2.

3.

4.

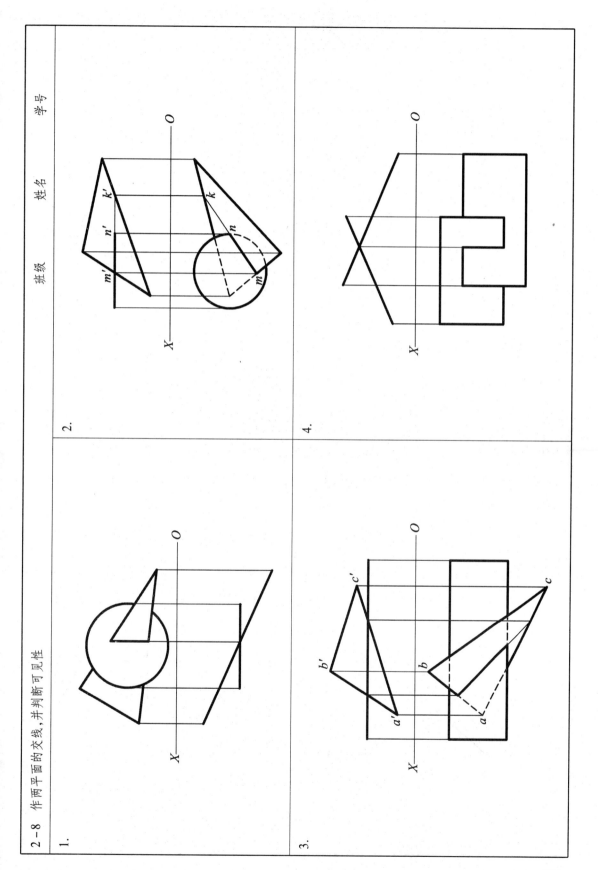

2-8 作两平面的交线,并判断可见性   班级   姓名   学号

1.

2.

3.

4.

161

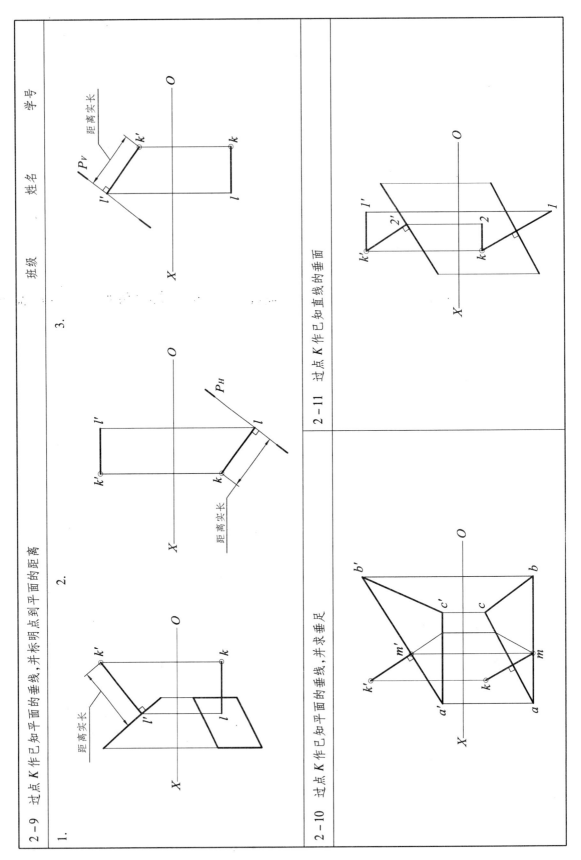

2-9 过点 K 作已知平面的垂线，并标明点到平面的距离

1.

2.

3.

班级　　　姓名　　　学号

2-10 过点 K 作已知平面的垂线，并求垂足

2-11 过点 K 作已知直线的垂面

162

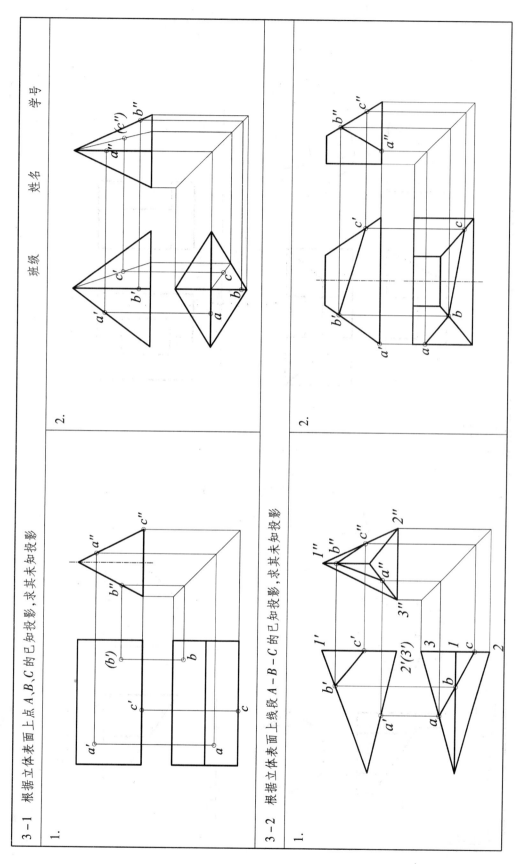

第 3 章 立体的投影及其表面交线

3 – 1　根据立体表面上点 A,B,C 的已知投影,求其未知投影

1.

2.

3 – 2　根据立体表面上线段 A－B－C 的已知投影,求其未知投影

1.

2.

163

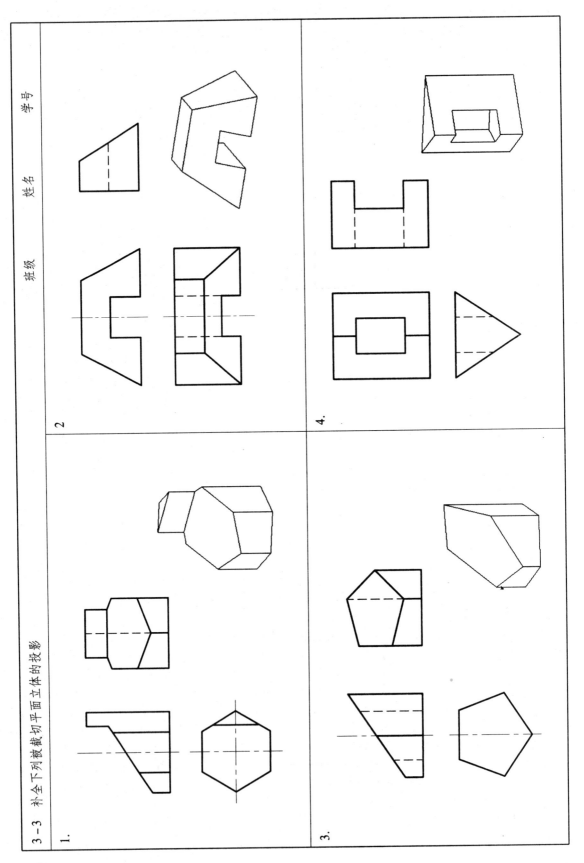

3-3　补全下列被截切平面立体的投影

1.

2

3.

4.

164

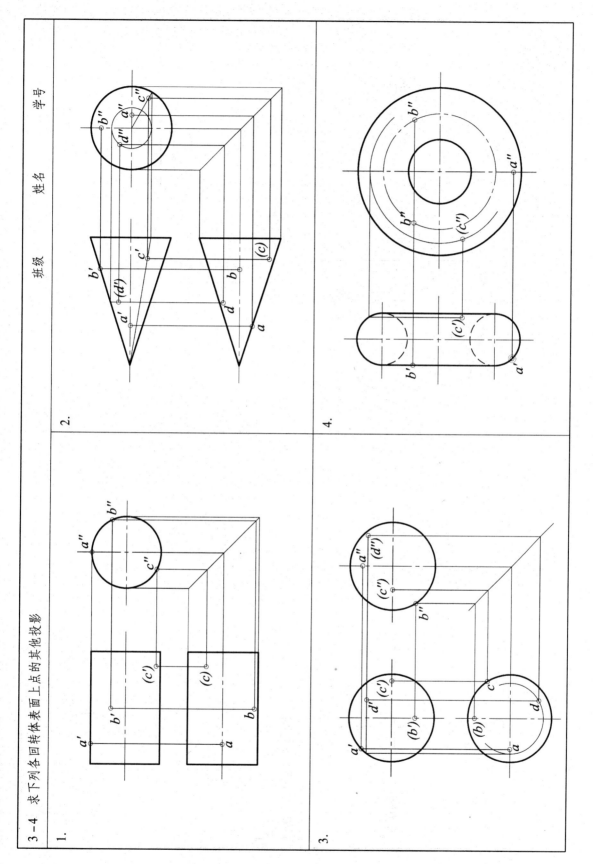

班级　姓名　学号

3-4　求下列各回转体表面上点的其他投影

1.

2.

3.

4.

165

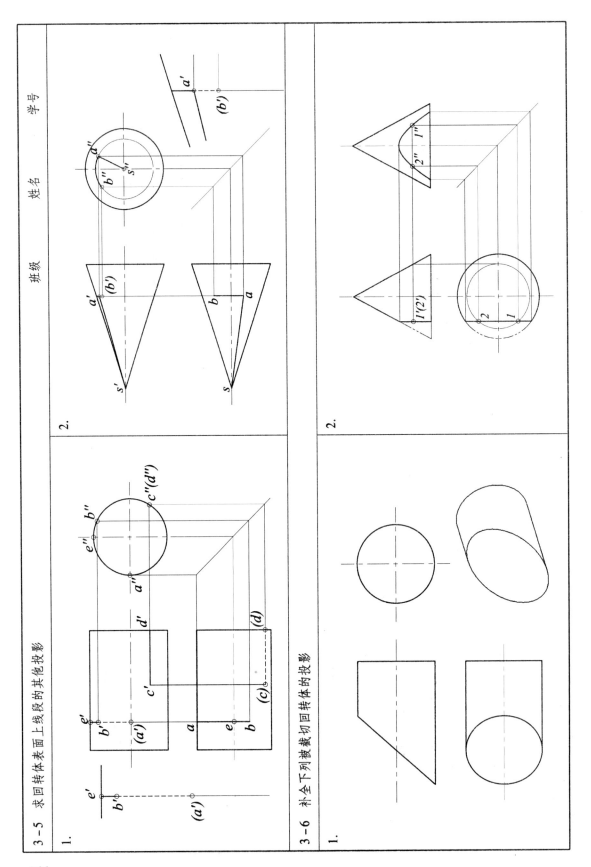

3－5　求回转体表面上线段的其他投影

1.

2.

3－6　补全下列被截切回转体的投影

1.

2.

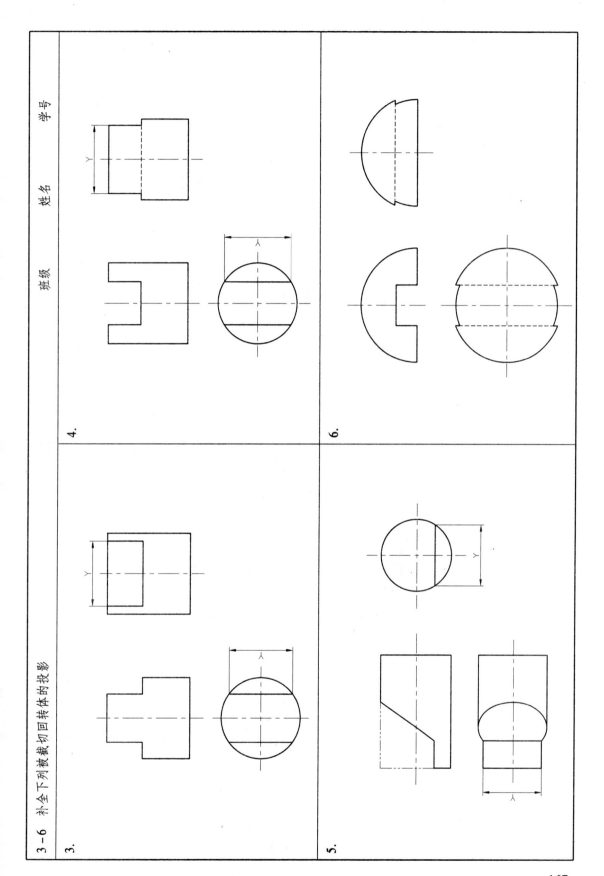

3-6 补全下列被截切回转体的投影

班级　姓名　学号

3.

4.

5.

6.

167

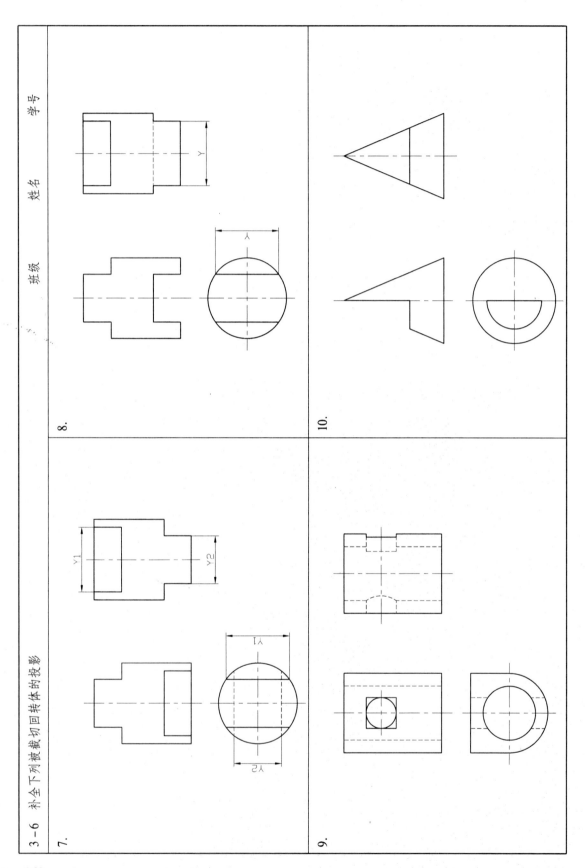

3－6 补全下列被截切回转体的投影

7.

8.

9.

10.

168

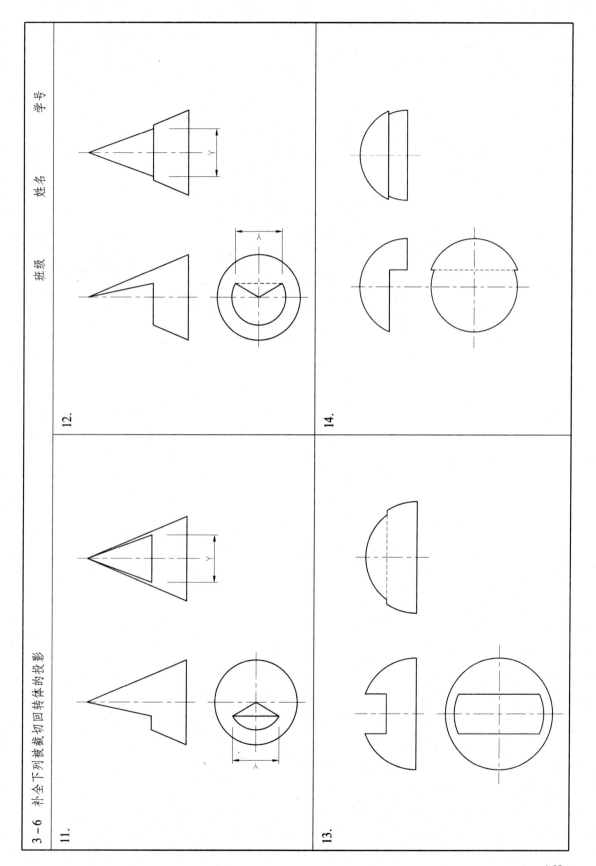

3-6 补全下列被截切回转体的投影

11.

12.

13.

14.

班级　　姓名　　学号

169

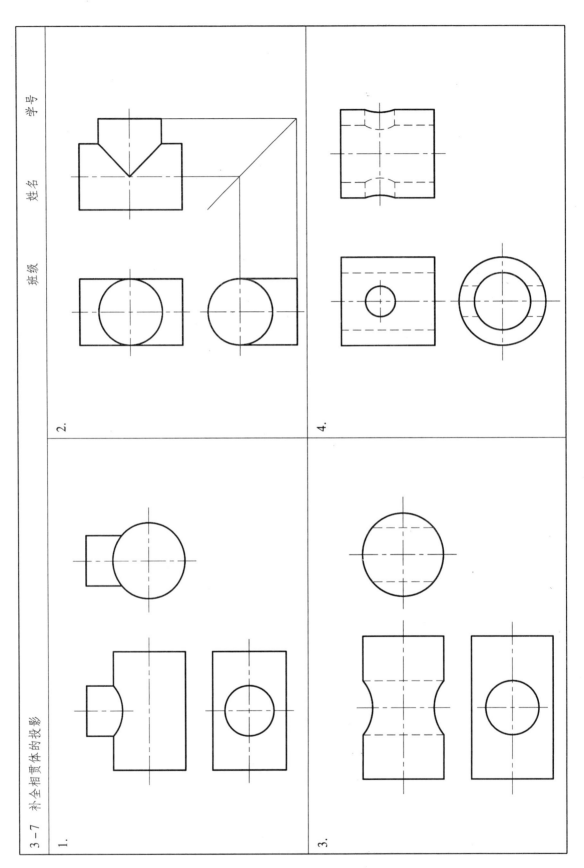

3－7　补全相贯体的投影

1.

2.

3.

4.

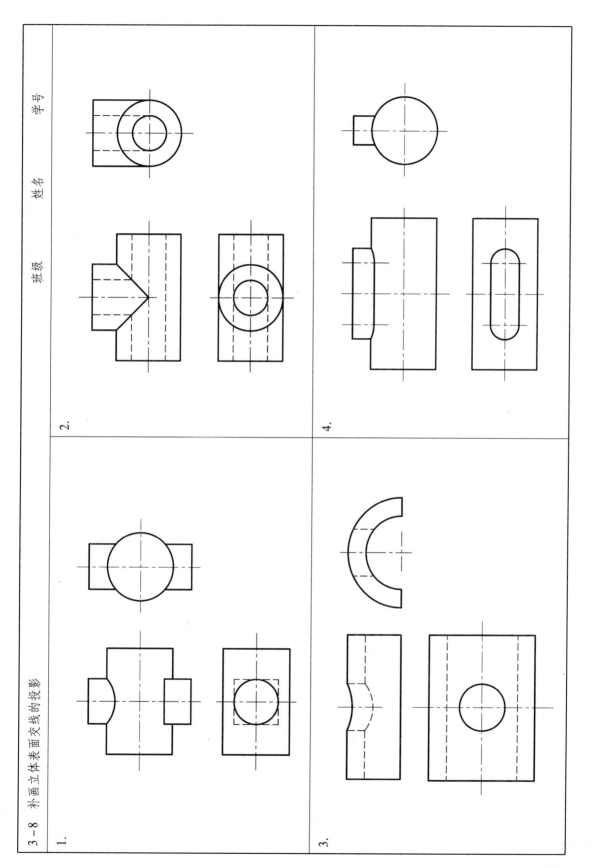

第 4 章 组合体

4-1 组合体模型

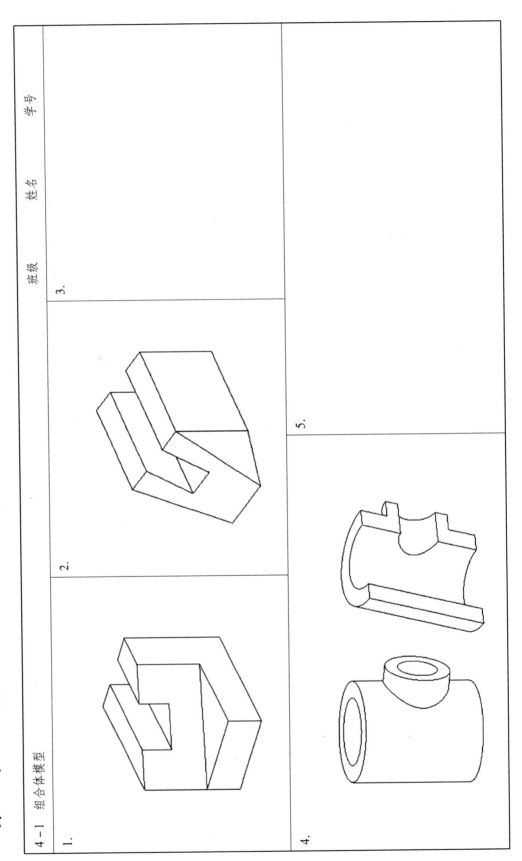

班级   姓名   学号

1.

2.

3.

4.

5.

172

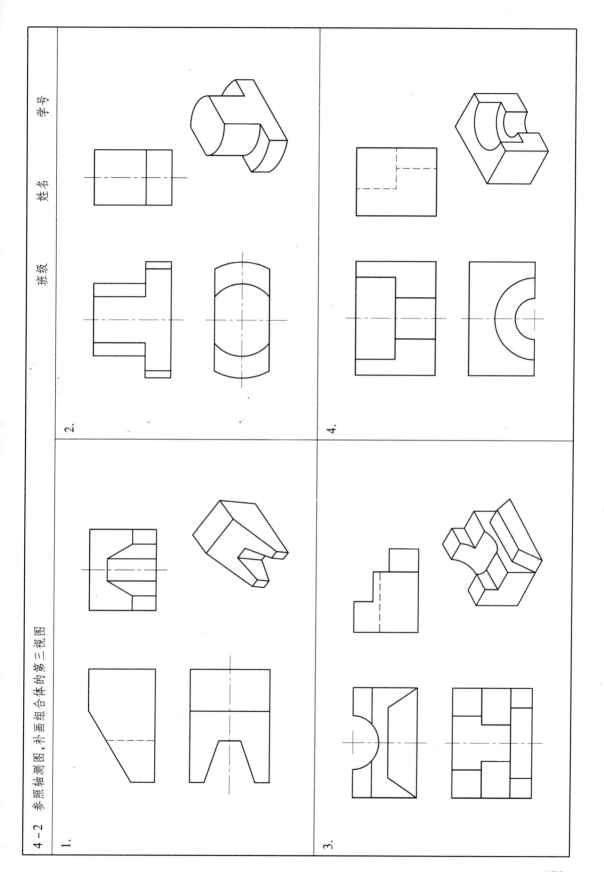

4-2 参照轴测图，补画组合体的第三视图

班级　　姓名　　学号

1.

2.

3.

4.

173

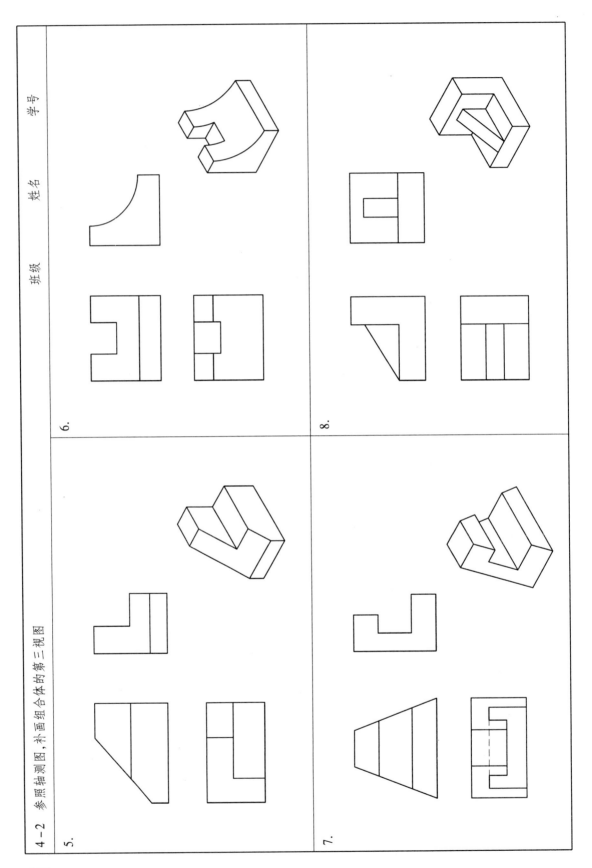

4-2 参照轴测图,补画组合体的第三视图

班级　　姓名　　学号

5.

6.

7.

8.

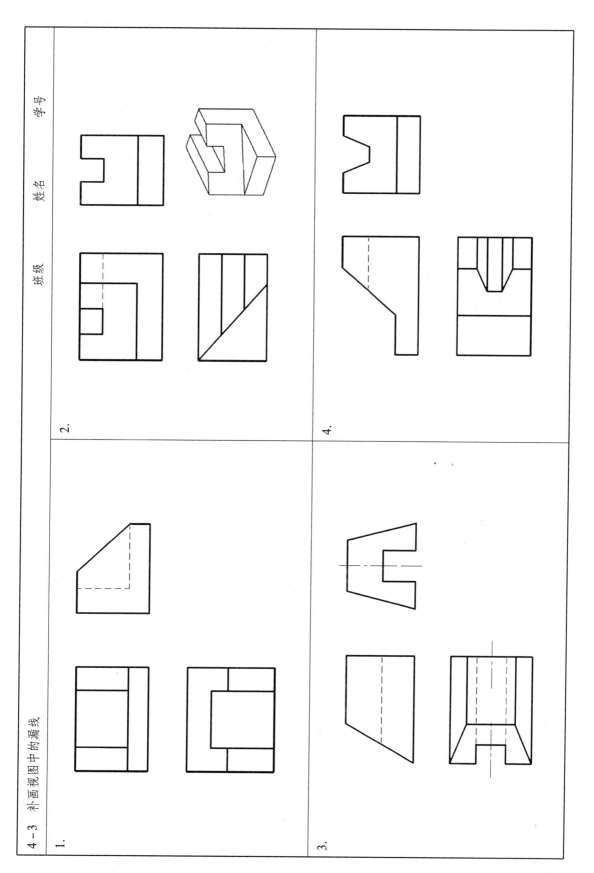

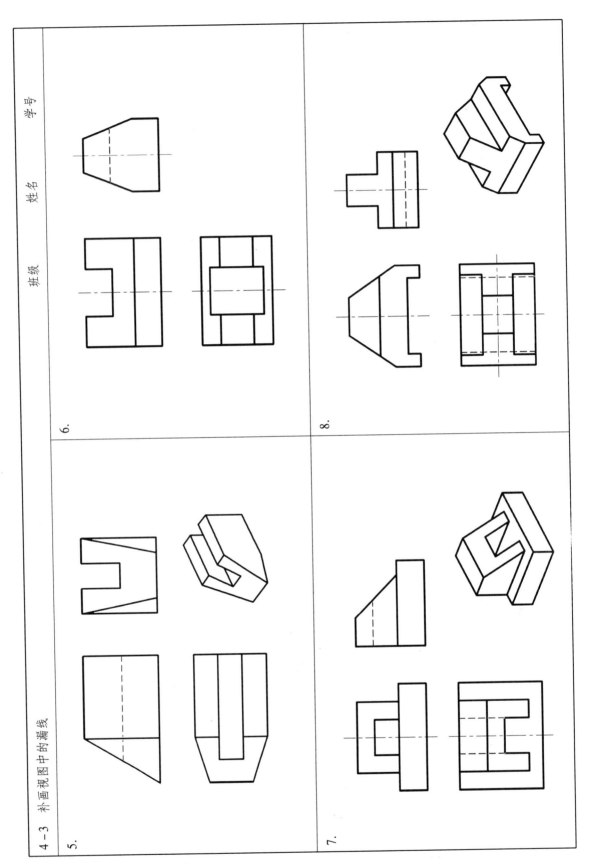

4-3 补画视图中的漏线

5.

6.

7.

8.

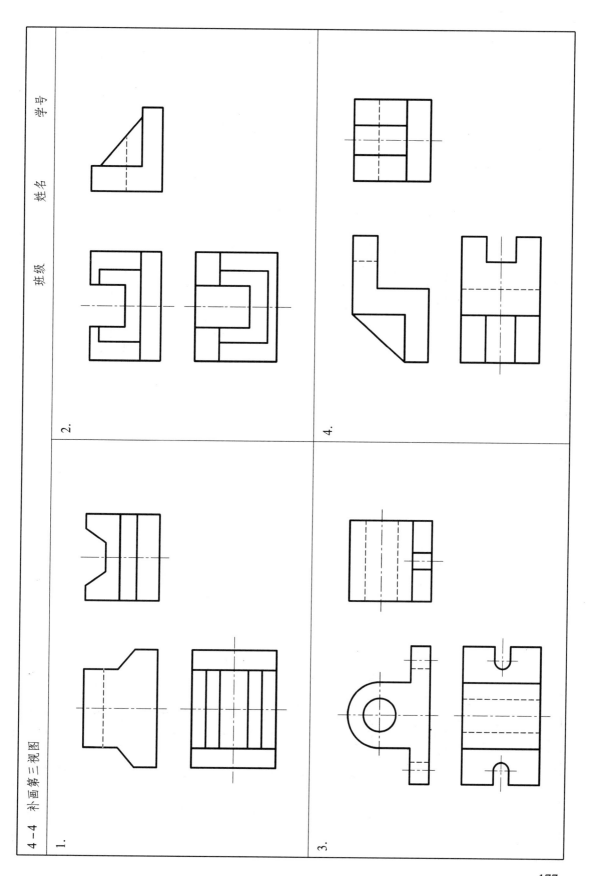

4-4 补画第三视图

班级　　姓名　　学号

1.

2.

3.

4.

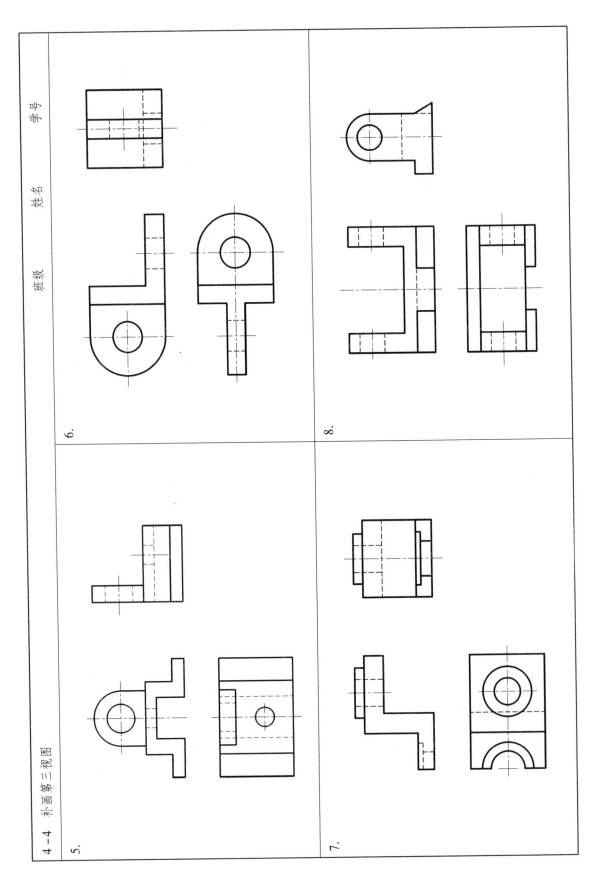

4-4 补画第三视图

5.

6.

7.

8.

班级　姓名　学号

班级　　姓名　　学号

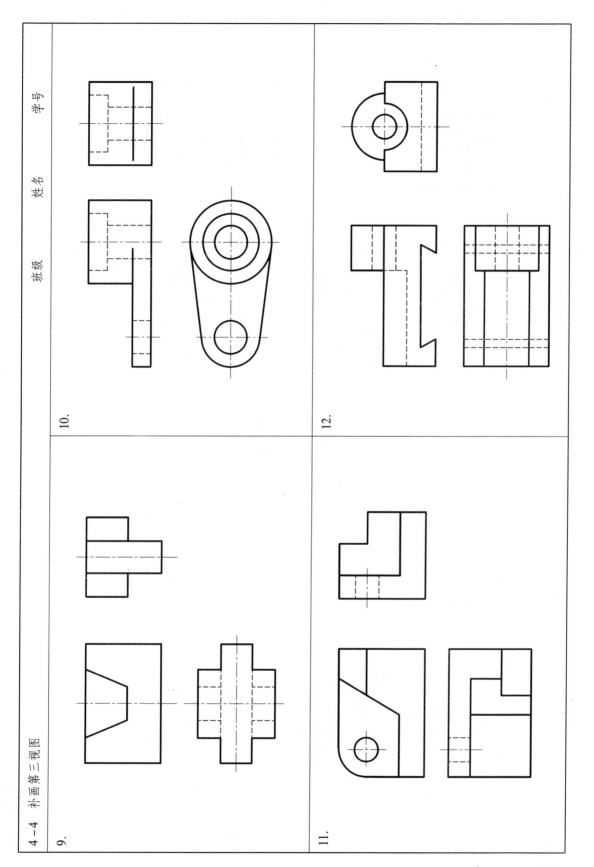

9.

10.

11.

12.

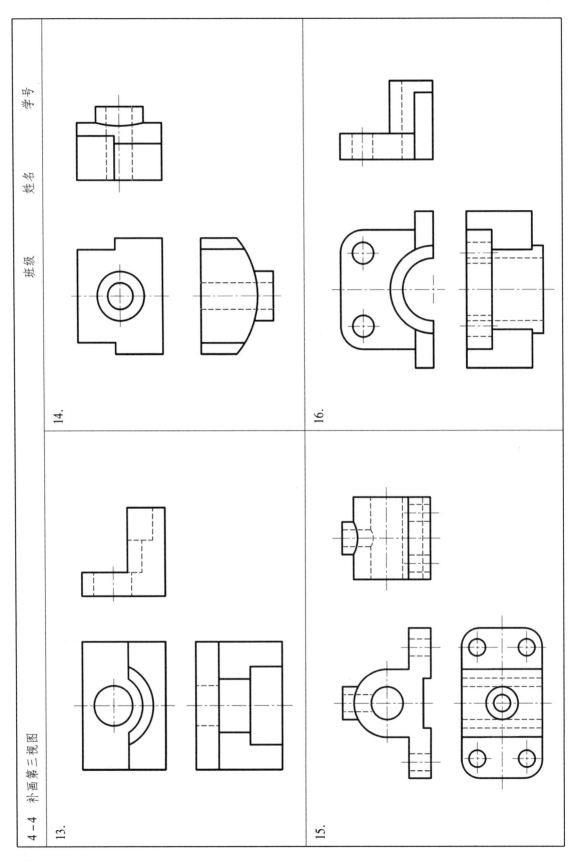

4－4　补画第三视图

13.

14.

15.

16.

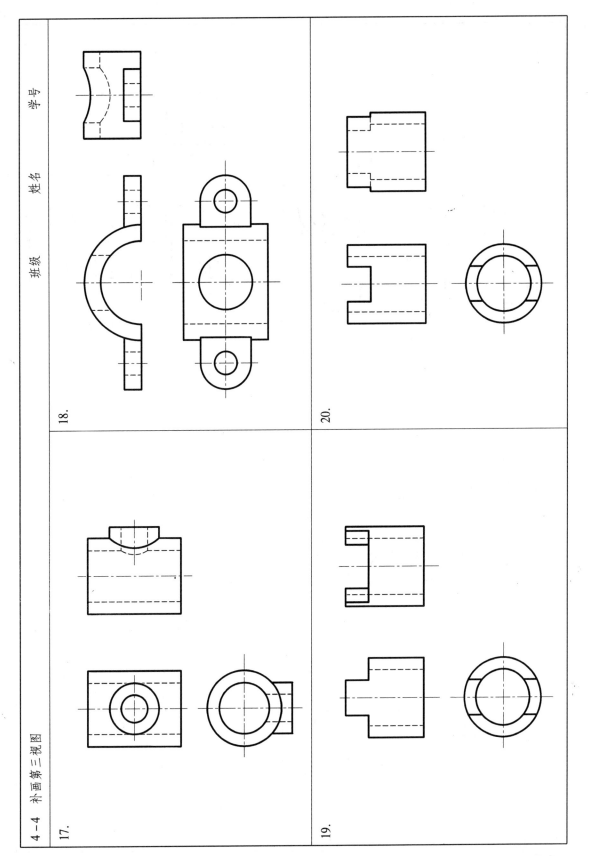

4-4　补画第三视图

17.

18.

19.

20.

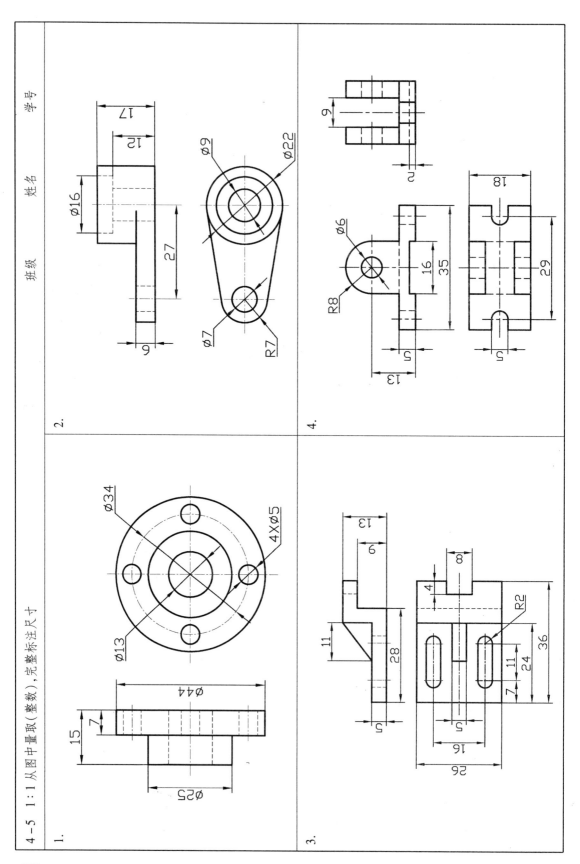

4-5　1:1 从图中量取(整数)，完整标注尺寸

1.

2.

3.

4.

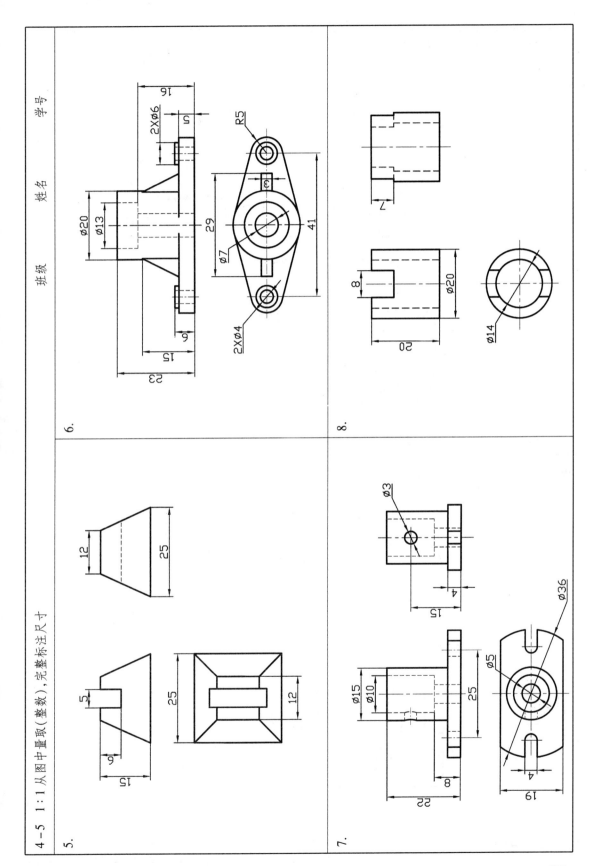

4－5　1：1 从图中量取（整数），完整标注尺寸

5.

6.

7.

8.

9.

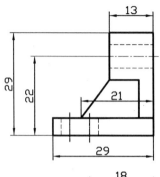

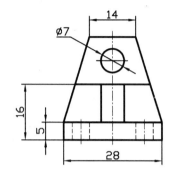

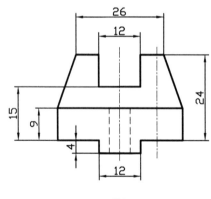

10.

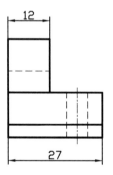

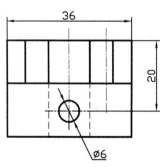

11.

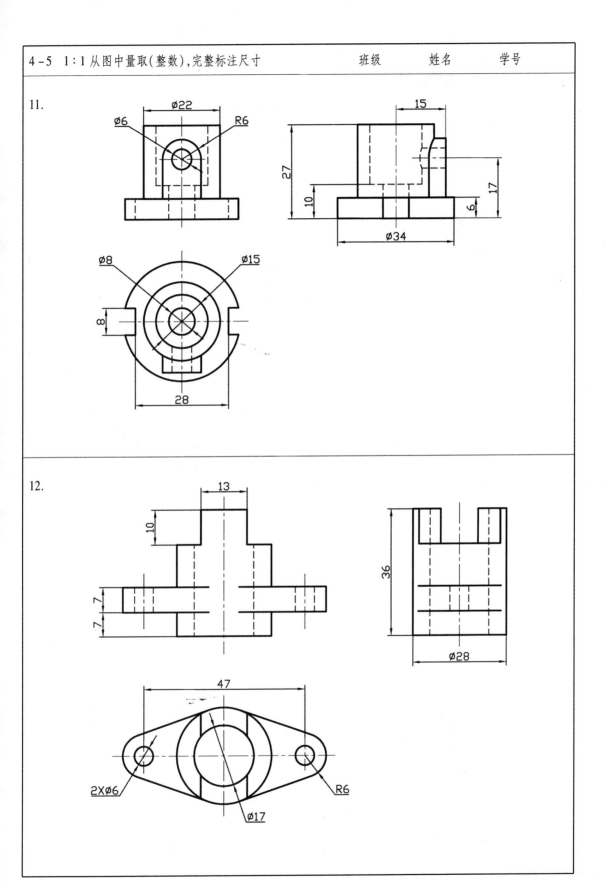

12.

第5章 轴测图

1.

2.

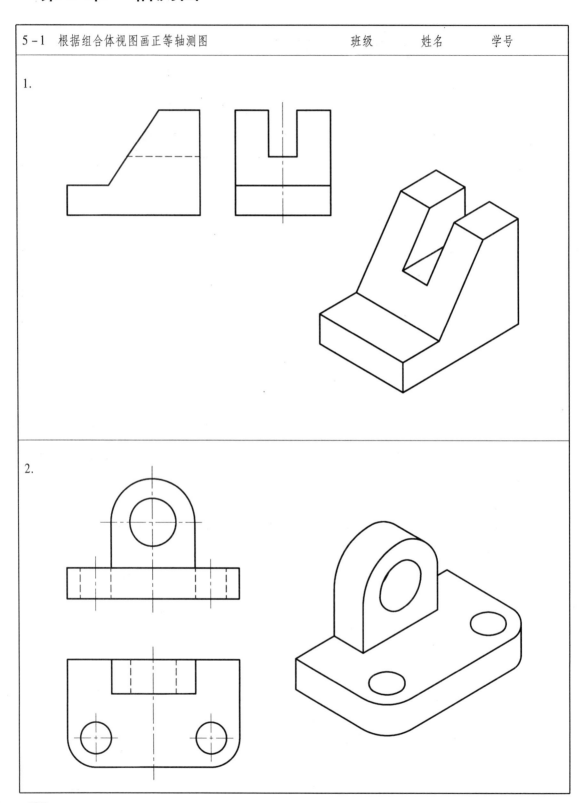

186

3.

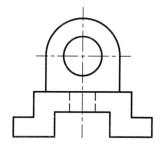

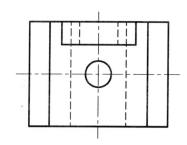

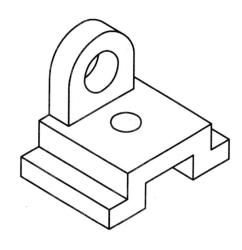

5-2 根据组合体视图画斜二轴测图

1.

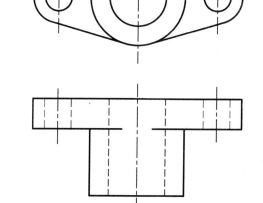

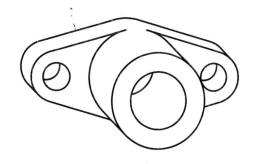

第 6 章 机件的常用表达方法

6-2 补画剖视图中的漏线

1.

2.

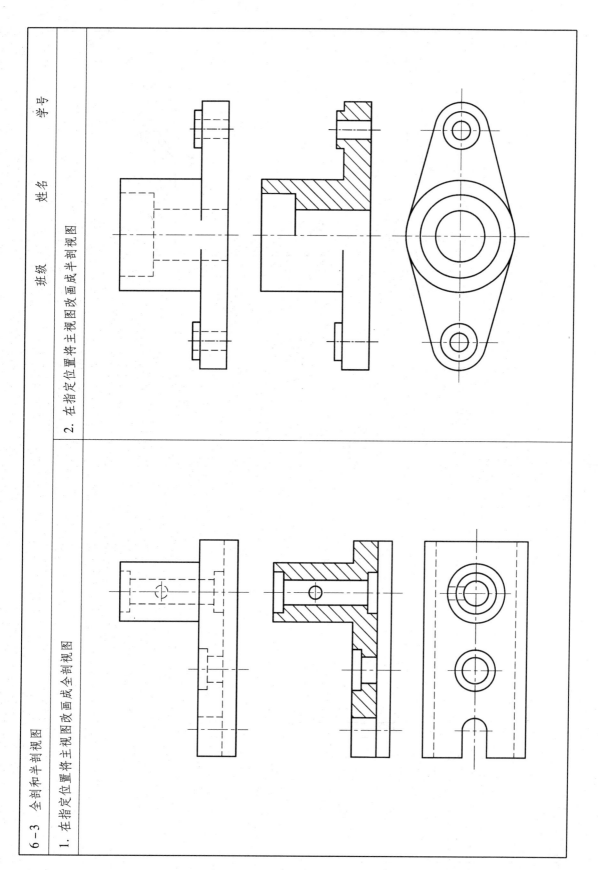

6-3　全剖和半剖视图

班级　　　姓名　　　学号

1. 在指定位置将主视图改画成全剖视图

2. 在指定位置将主视图改画成半剖视图

3. 在指定位置将主视图改画成半剖视图

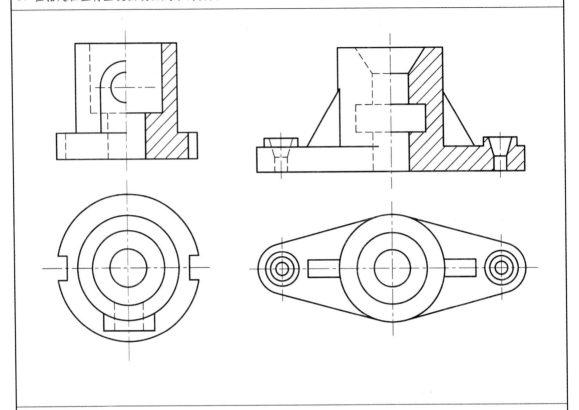

4. 已知俯视图和左视图,补画半剖的主视图

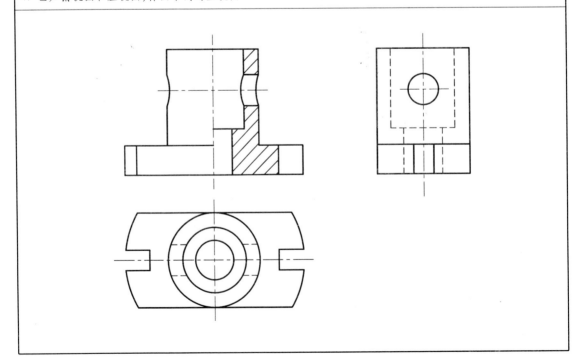

5. 已知全剖的主视图和俯视图,补画全剖的左视图

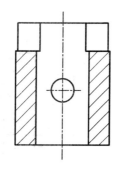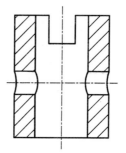

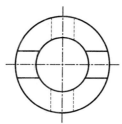

6. 已知主视图和俯视图,补画半剖的左视图

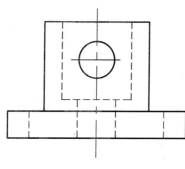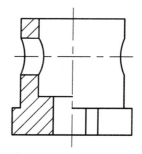

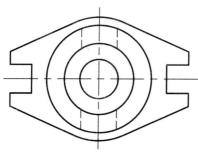

7. 已知主视图和俯视图,补画全剖的左视图

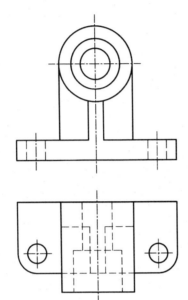
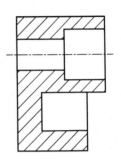

8. 已知俯视图和左视图,补画全剖的主视图

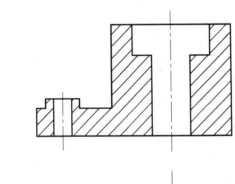
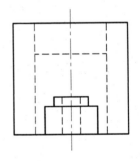
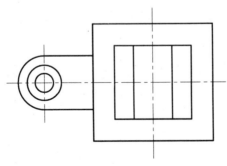

9. 已知主视图和俯视图,补画全剖的左视图

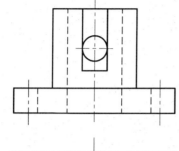
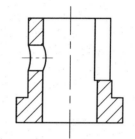
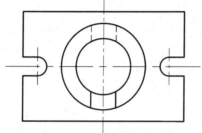

10. 已知半剖的主视图和俯视图,补画全剖的左视图

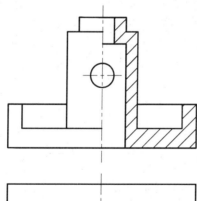
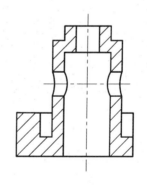
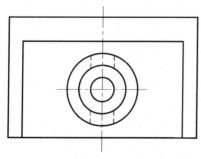

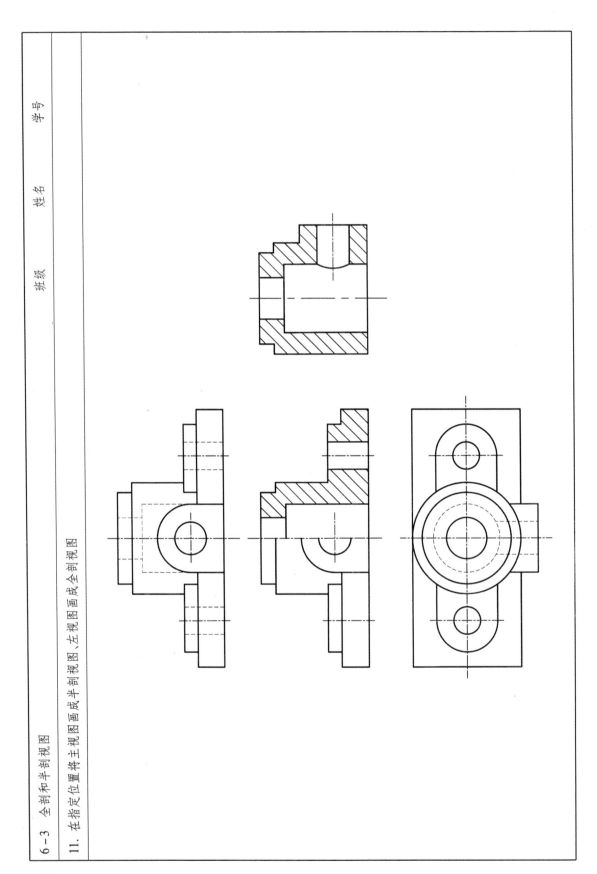

6-3 全剖和半剖视图

11. 在指定位置将主视图画成半剖视图、左视图画成全剖视图

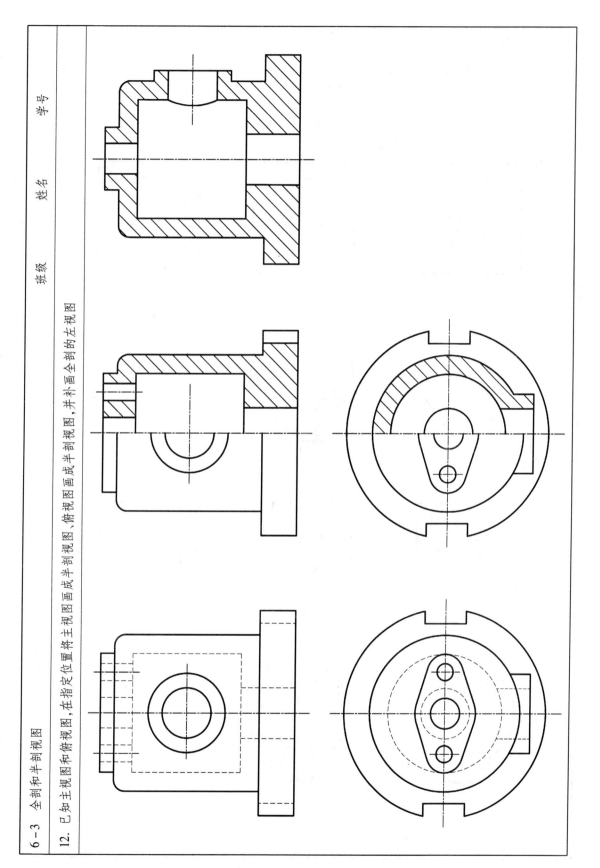

班级　　姓名　　学号

12. 已知主视图和俯视图，在指定位置将主视图画成半剖视图，俯视图画成半剖视图，并补画全剖的左视图

1. 将主、俯视图改画成局部剖视图,并补画全剖的左视图

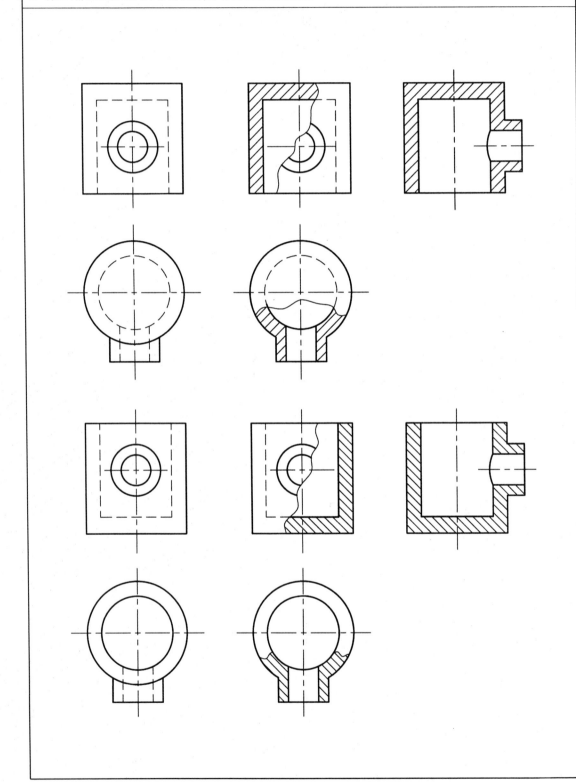

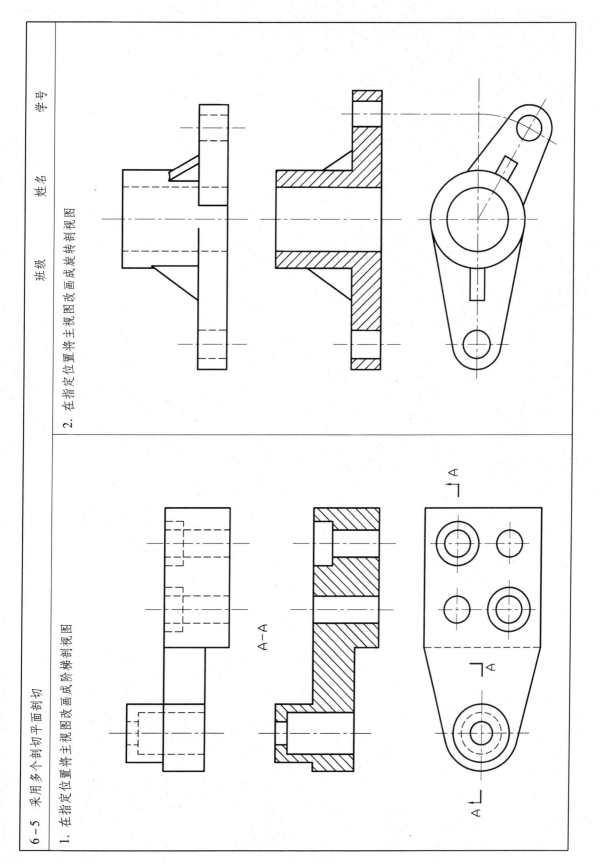

6-5 采用多个剖切平面剖切

1. 在指定位置将主视图改画成阶梯剖视图

A—A

2. 在指定位置将主视图改画成旋转剖视图

班级　　姓名　　学号

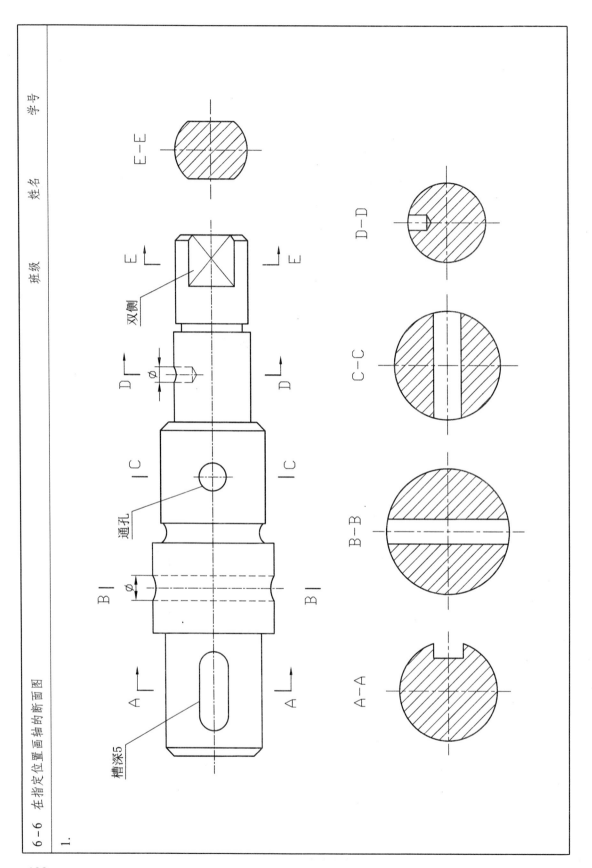

E-E

D-D

C-C

B-B

A-A

双侧

通孔

槽深5

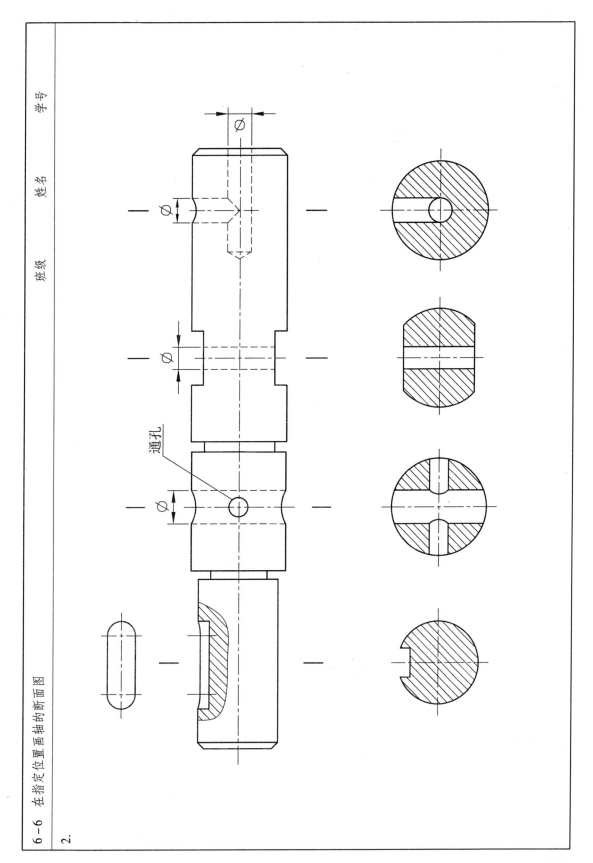

在指定位置画轴的断面图

6-6

2.

通孔

班级　　姓名　　学号

199

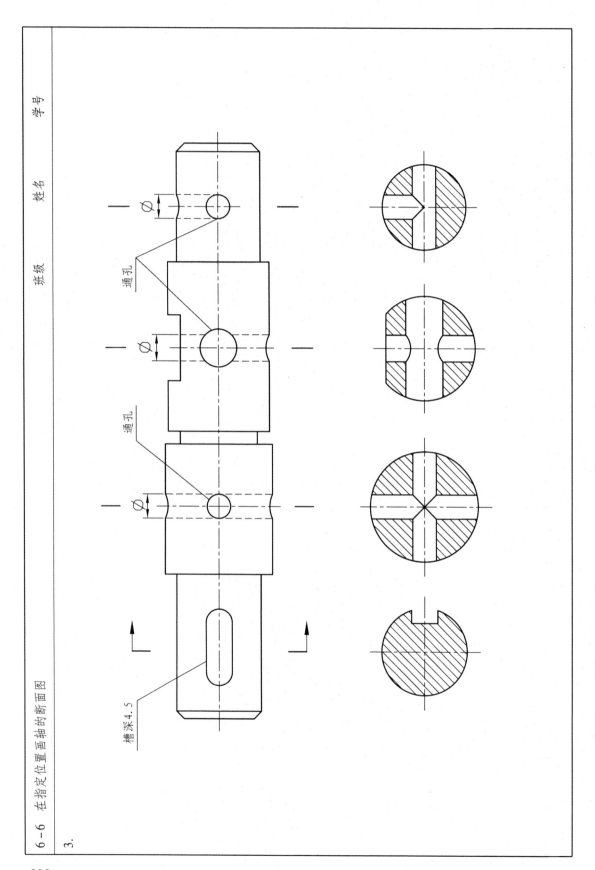

槽深4.5

通孔

通孔

ϕ

ϕ

ϕ

3. 在指定位置画轴的断面图

6－6

学号　姓名　班级

200

第 7 章 标准件与常用件

7-1 找出下列螺纹画法的错误,并在下方画出正确的图形

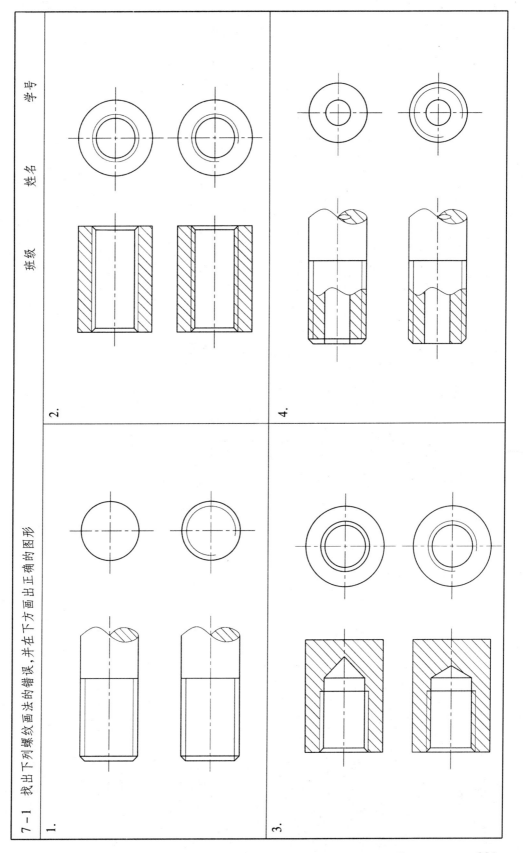

| | 班级 | 姓名 | 学号 |

1.

2.

3.

4.

7-2　根据给定的螺纹要素，标注螺纹

1. 粗牙普通螺纹，公称直径 20mm，螺距 2.5mm，公差带代号 5g6g，旋合长度为 L，右旋

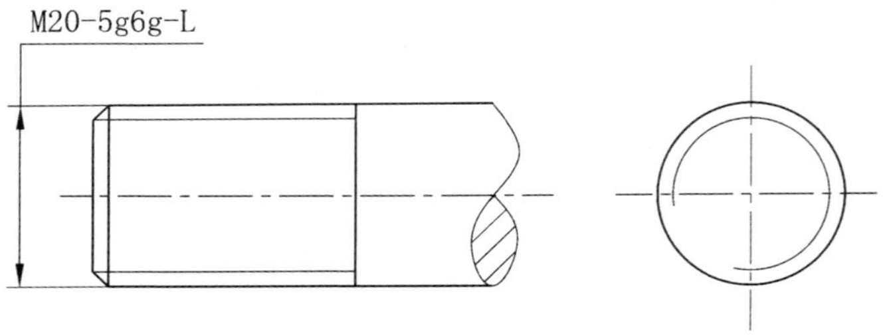

M20-5g6g-L

2. 细牙普通螺纹，公称直径 16mm，螺距 12.5mm，公差带代号 7H，旋合长度为 N，右旋

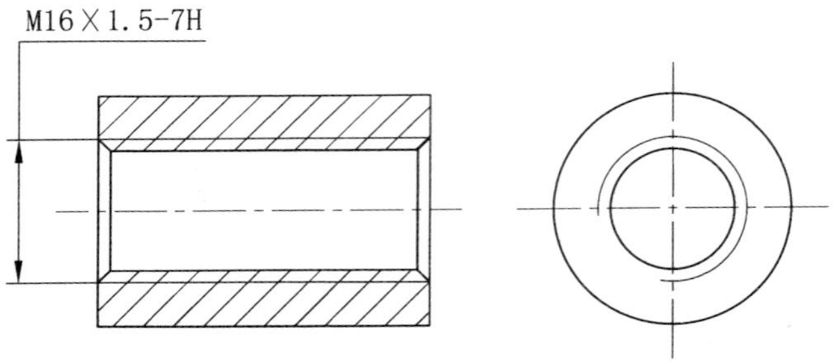

M16×1.5-7H

3. 梯形螺纹，公称直径 32mm，导程 12mm，线数 2，公差带代号 8e，旋合长度为 N，左旋

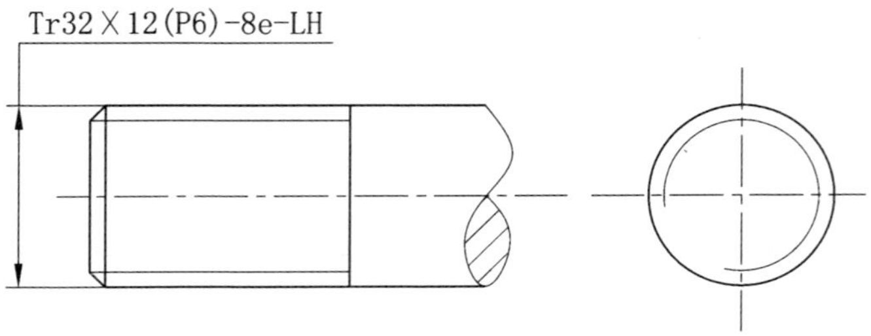

Tr32×12(P6)-8e-LH

4. 非螺纹密封的管螺纹，尺寸代号 1/2，A 级（公差等级），右旋

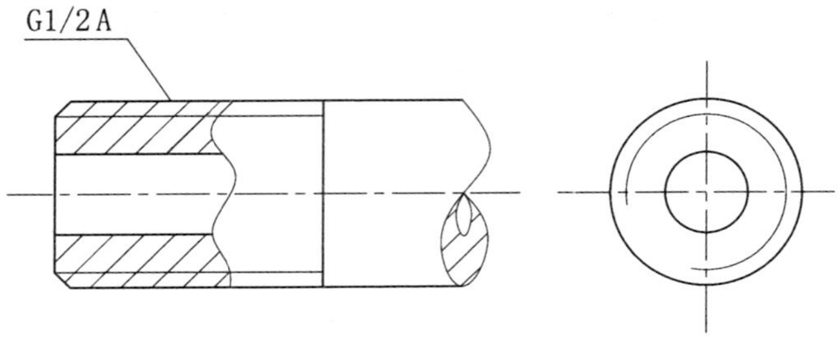

G1/2A

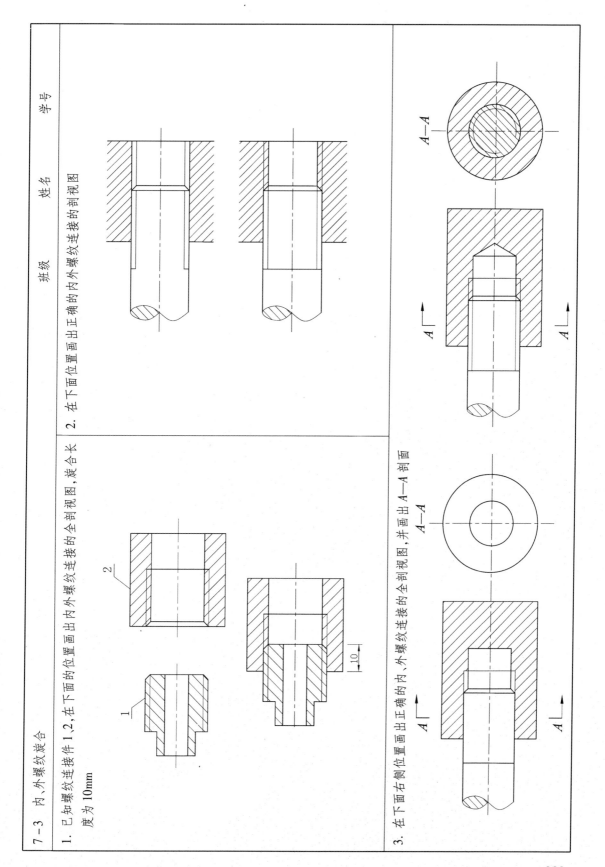

7-3 内、外螺纹旋合

1. 已知螺纹连接件 1,2,在下面的位置画出内外螺纹连接的全剖视图,旋合长度为 10mm

2. 在下面位置画出正确的内外螺纹连接的剖视图

3. 在下面右侧位置画出正确的内、外螺纹连接的全剖视图,并画出 A—A 剖面

班级   姓名   学号

203

7-3　内、外螺纹旋合

4. 按照题目要求绘制内、外螺纹及螺纹旋合

(1) 在轴的左端制出一段长 25mm 的普通粗牙螺纹，画出螺杆的主、左视图。

(2) 从零件的左端制出与(1)题外螺纹相配合的螺纹孔，其中，钻孔深度 35mm，螺纹孔深度 25mm，画出螺纹孔的主、左视图(主视图全剖，左视图不剖)。

(3) 画出(1)题螺杆与(2)题螺纹孔的连接图，旋合长度为 18mm，主、左视图均采用剖视图。

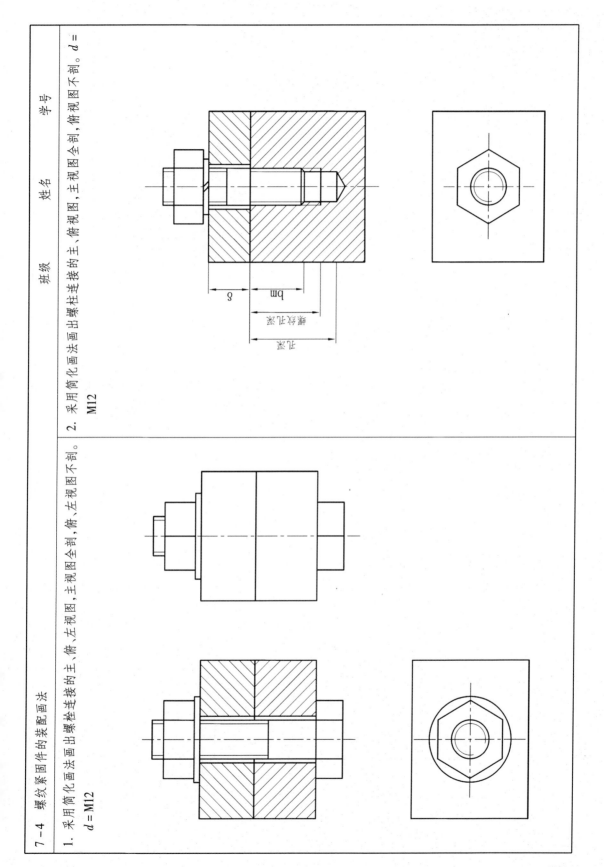

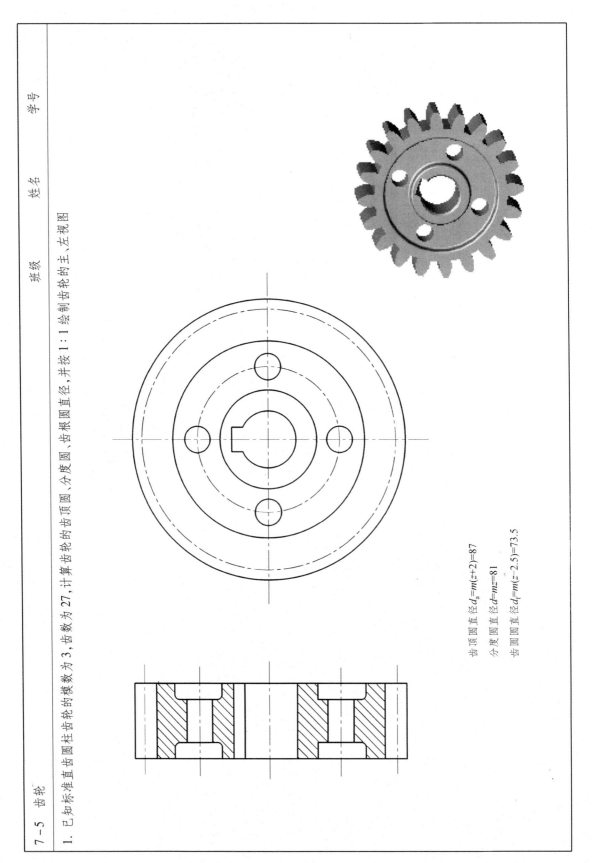

7－5 齿轮

1. 已知标准直齿圆柱齿轮的模数为 3，齿数为 27，计算齿轮的齿顶圆、分度圆、齿根圆直径，并按 1：1 绘制齿轮的主、左视图

齿顶圆直径 $d_a = m(z+2) = 87$

分度圆直径 $d = mz = 81$

齿圆圆直径 $d_f = m(z-2.5) = 73.5$

班级　　　　　姓名　　　　　学号

206

2. 画出两标准直齿圆柱齿轮的啮合图

1. 画出键连接的断面图（GB/T 1096 键 8×7×20）

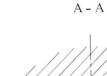

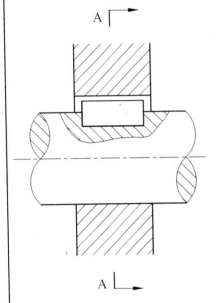

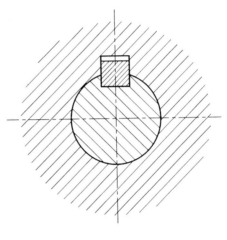

2. 选择适当长度的 Φ8 圆锥销，画出销连接图

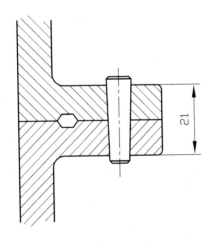

3. 选择适当长度的 Φ8 圆柱销，画出销连接图

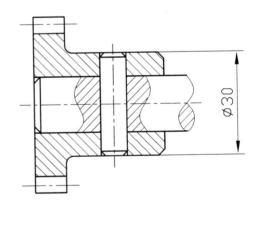

第8章 零件图

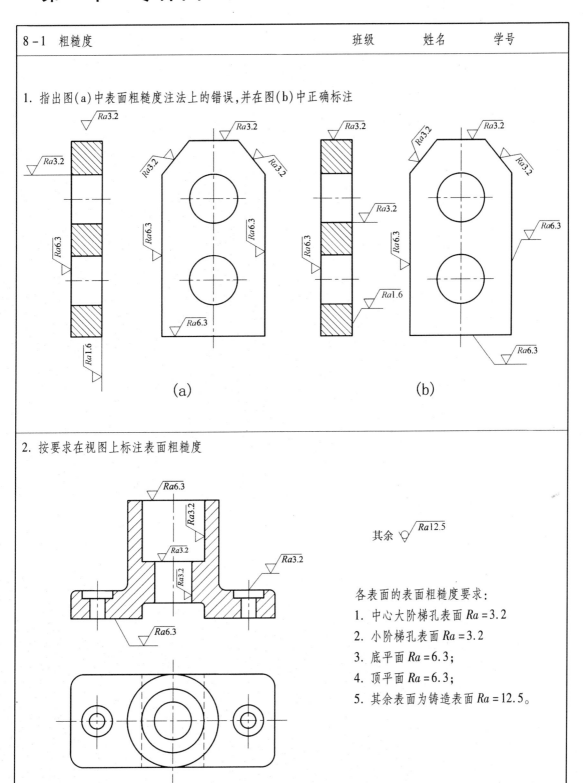

8-1 粗糙度　　　　　　　　　　　　　　　　　　班级　　　姓名　　　学号

1. 指出图(a)中表面粗糙度注法上的错误,并在图(b)中正确标注

(a)

(b)

2. 按要求在视图上标注表面粗糙度

其余 √Ra12.5

各表面的表面粗糙度要求:
1. 中心大阶梯孔表面 Ra = 3.2
2. 小阶梯孔表面 Ra = 3.2
3. 底平面 Ra = 6.3;
4. 顶平面 Ra = 6.3;
5. 其余表面为铸造表面 Ra = 12.5。

1. 将装配图上给定的尺寸和配合代号分别注写在相应的零件图上

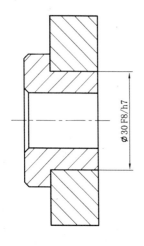 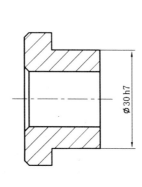 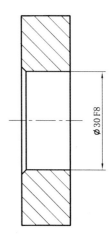

2. 某部件的尺寸标注如图所示

(1) 说明配合尺寸 Φ26H7/g6 的含义。

　Φ26 表示:基本尺寸

　H7 表示:孔的公差带代号

　g6 表示:轴的公差带代号

该配合是　基孔　制　间隙　配合

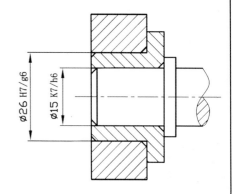

(2) 根据装配图中所标注的配合尺寸,标注零件图的尺寸及公差。

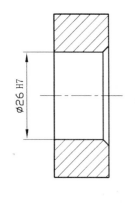 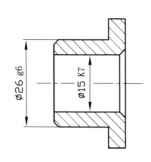 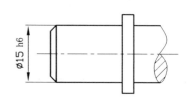

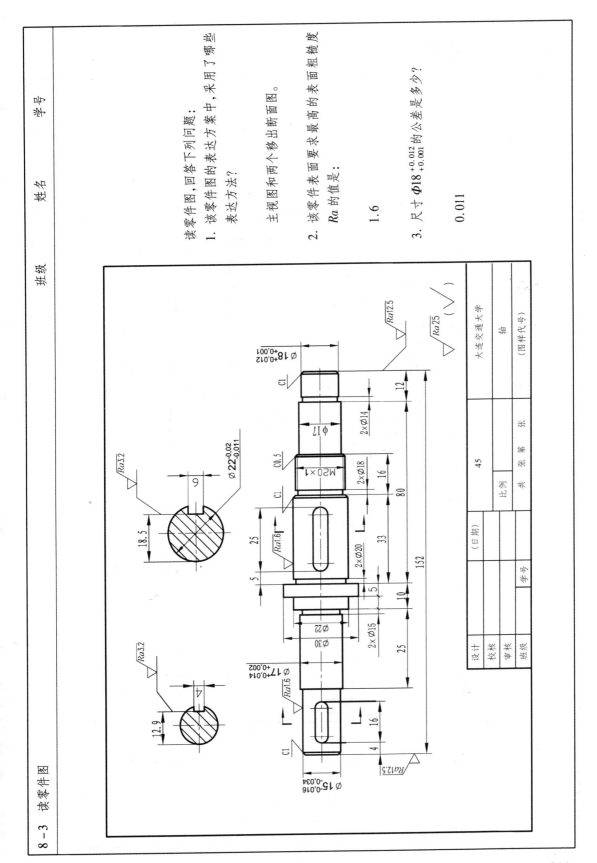

8-3　读零件图

读零件图，回答下列问题：

1. 该零件图的表达方案中，采用了哪些表达方法？

　主视图和两个移出断面图。

2. 该零件表面要求最高的表面粗糙度 Ra 的值是：

　1.6

3. 尺寸 $\Phi 18^{+0.012}_{+0.001}$ 的公差是多少？

　0.011

211

第9章　装配图

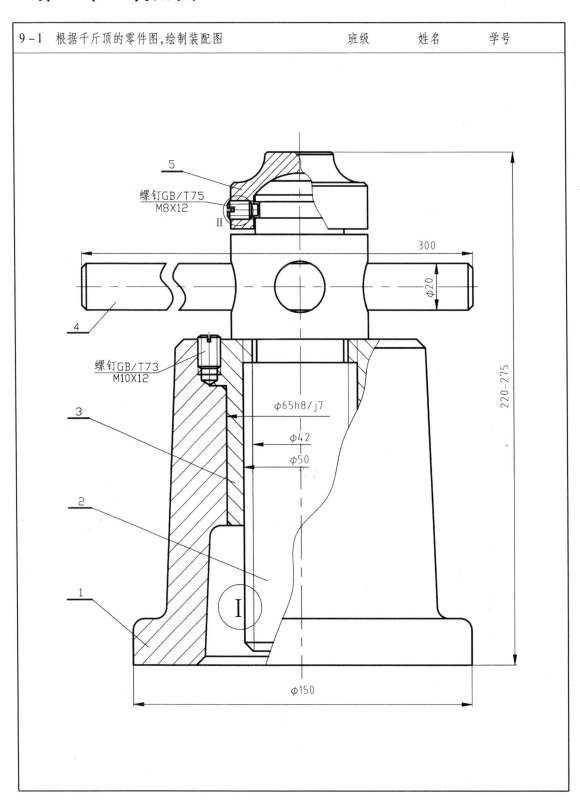

螺钉GB/T75
M8X12

5

300

$\phi 20$

4

螺钉GB/T73
M10X12

220-275

3

$\phi 65h8/j7$

$\phi 42$

$\phi 50$

2

1

I

II

$\phi 150$

参 考 文 献

[1]　孙江宏. AutoCAD 2008 中文版实用教程上机指导. 北京：高等教育出版社，2007.

[2]　田晶，徐剑锋. AutoCAD 绘图教程. 北京：北京理工大学出版社，2011.

[3]　张英. AutoCAD 2006 基础教程与上机指导. 北京：北京理工大学出版社，2006.

[4]　及秀琴，杨小军. AutoCAD 2005 上机指导与实训. 北京：中国电力出版社，2005.

[5]　杨松林. 工程 CAD 技术与应用上机学习指导与习题. 北京：化学工业出版社，2006.